·电磁工程计算丛书·

变压器油浸纸绝缘状态反演方法与应用

阮江军 谢一鸣 金 硕 著

国家自然科学基金委员会联合基金重点支持项目
"电力设备热点状态多参量传感与智能感知技术"
（U2066217）资助

科学出版社

北 京

内 容 简 介

本书在阐述变压器内部油浸纸的老化机理,以及油浸纸绝缘状态评估技术现状的基础上,提出一种基于油浸纸电气参数反演的变压器油浸纸绝缘状态的无损评估方法,建立油浸纸电阻率、低频相对介电常数等材料电气参数与油浸纸绝缘状态之间的关系。采用有限元仿真方法,结合绝缘电阻与低频介损测量值,实现了变压器油浸纸电气参数的分区反演。本书方法可用于油浸式电力变压器的老化与寿命评估。

本书可以作为高等院校高电压与绝缘技术专业研究生的参考书,也可供电力行业现场运行与检修部门、科学研究机构及变压器制造厂商的广大科研工作者参考。

图书在版编目(CIP)数据

变压器油浸纸绝缘状态反演方法与应用/阮江军,谢一鸣,金硕著. —北京:科学出版社,2023.11

(电磁工程计算丛书)

ISBN 978-7-03-076849-0

Ⅰ.①变… Ⅱ.①阮… ②谢… ③金… Ⅲ.①油浸变压器—绝缘纸—反演算法 Ⅳ.①TM411

中国国家版本馆 CIP 数据核字(2023)第 209909 号

责任编辑:吉正霞 霍明亮 / 责任校对:高 嵘
责任印制:彭 超 / 封面设计:苏 波

科 学 出 版 社 出版

北京东黄城根北街 16 号
邮政编码:100717
http://www.sciencep.com

武汉精一佳印刷有限公司印刷

科学出版社发行 各地新华书店经销

*

2023 年 11 月第 一 版 开本:787×1092 1/16
2023 年 11 月第一次印刷 印张:11 1/2
字数:267 000

定价:128.00 元

(如有印装质量问题,我社负责调换)

"电磁工程计算丛书"编委会

主　编：阮江军

编　委（按博士入学顺序）：

文　武	甘　艳	张　宇	彭　迎	杜志叶	周　军
魏远航	王建华	历天威	皇甫成	黄道春	余世峰
刘　兵	王力农	张亚东	刘守豹	王　燕	蔡　炜
吴　田	赵　淳	王　栋	张宇娇	罗汉武	霍　锋
吴高波	舒胜文	黄国栋	黄　涛	彭　超	胡元潮
廖才波	普子恒	邱志斌	刘　超	肖　微	龚若涵
金　硕	黎　鹏	詹清华	吴泳聪	刘海龙	周涛涛
杨知非	唐烈峥	张　力	邓永清	谢一鸣	杨秋玉
王学宗	何　松	闫飞越	牛博瑞		

丛 书 序

电磁场作为一种新的能量形式，推动着人类文明的不断进步。电力已成为"阳光、土壤、水、空气"四大要素之后的现代文明不可或缺的第五要素。与地球环境自然赋予的四大要素所不同的是，电力完全靠人类自我生产和维系，流转于各类电气与电子设备之间，其安全可靠性时刻受到自然灾害、设备老化、系统失控、人为破坏等各方面影响。

电气设备用于电力的生产、传输、分配与应用，涵盖各个电压等级，种类繁多。从材料研制、结构设计、产品制造、运行维护至退役的全寿命过程中，电气设备都离不开电磁、温度/流体、应力、绝缘等各种物理性能的考核，它们相互耦合、相互影响。绝缘介质中的电场由电压（额定电压、过电压等）产生，受绝缘介质放电电压耐受值的限制。铁磁材料中的磁场由电流（工作电流、励磁电流等）产生，受铁磁材料的磁饱和限制。电流在导体中产生焦耳热损耗（铜耗），磁场在铁磁材料及金属结构中产生涡流损耗（铁耗），电压在绝缘介质中产生介质损耗（介损），这些损耗产生的热量通过传导、对流、辐射等方式向大气扩散，在设备中形成的温度场受绝缘介质的最高允许温度限制。电气设备在结构自重、外力（冰载荷、风载荷、地震）、电动力等作用下在设备结构中形成应力场，受材料的机械强度限制。绝缘介质在电场、温度、应力等作用下会逐渐老化，其绝缘性能不断下降，影响电气设备的使用寿命。由此可见，电磁-温度/流体-应力-绝缘等多种物理场相互耦合、相互作用，构成电气设备的多物理场。在电气设备设计、制造过程中如何优化多物理场分布，在设备的运行与维护过程中如何感知各种物理状态，多物理场的准确计算成为共性关键技术。

我的博士生导师周克定教授是我国计算电磁学的创始人。在周老师的指导下，我开始从事电磁场计算方法的研究，1995 年，我完成了博士学位论文《三维瞬态涡流场的棱边耦合算法及工程应用》的撰写，提出了一种棱边有限元-边界元耦合算法，应用于大型汽轮发电机端部涡流场和电动力的计算，并基于此算法开发了一套计算软件。可当我信心满满地向上海电机厂、北京重型电机厂的专家推介这套软件时，专家们中肯地指出：发电机端部涡流损耗、电动力的计算结果虽然有用，但不能直接用于端部结构及通风设计，需要进一步结合端部散热条件计算温度场，结合绕组结构计算应力场。

1996 年，我开始博士后研究工作，师从原武汉水利电力大学（现武汉大学）高电压与绝缘技术专业知名教授解广润先生，继续从事电磁场计算方法与应用研究，先后完成了高压直流输电系统直流接地极电流场和温度场耦合计算、交直流系统偏磁电流计算、输电线路绝缘子串电场分布计算、输电线路电磁环境计算、工频磁场在人体中的感应电流计算等研究课题。1998 年，博士后出站后，我留校工作，继续从事电磁场计算方法的研究，在柳瑞禹教授、陈允平教授、孙元章教授、唐炬教授、董旭柱教授等学院领导和同事们的支持与帮助下，历经20 余年，针对运动导体涡流场、直流离子流场、大规模并行计算、多物理场耦合计算、状态参数多物理场反演、空气绝缘强度预测等计算电磁学研究的热点问题，和课题组研究生同学们一起攻克了一个又一个的难题，构建了电气设备电磁多物理场计算与状态反演的共性关键技术体系。研究成果"电磁多物理场分析关键技术及其在电工装备虚拟设计与状态评估的应用"获 2017 年湖北省科学技术进步奖一等奖。

电气设备电磁多物理场数值计算在电气设备设计制造及状态检测中正发挥着越来越重要的作用，电气设备研制单位应积极引进电磁多物理场计算方面的人才，提升设计制造水平，提升我国电气设备在国际市场的竞争力。电网企业应积极推进以电磁多物理场计算为基础的电气设备智能感知方面的科技成果转化，提升电气设备的智能运维水平。更为关键的是，应加快我国具有自主知识产权的电磁多物理场分析软件平台建设，适度摆脱对国外商业软件的依赖，激发并保持科技创新活力。

本丛书的编委全部是课题组培养的博士研究生，各专题著作的主要内容源自他们的博士学位论文。尽管还有部分博士和硕士生的研究成果没有被本丛书收编，但他们为课题组长期坚持电磁多物理场研究提供了有力的支撑和帮助，在此一并致谢！还应该感谢长期以来国内外学者对课题组撰写的学术论文、学位论文的批评、指正与帮助，感谢国家科技部、国家自然科学基金委员会，以及电力行业各企业单位给课题组提供相关科研项目资助，为课题组开展电磁多物理场研究与应用提供了必要的支持。

编写本丛书的宗旨在于：系统总结课题组多年来关于电气设备电磁多物理场的研究成果，形成一系列有关电气设备优化设计与智能运维的专题著作，以期对从事电气设备设计、制造、运维工作的同行们有所启发和帮助。在丛书编写过程中虽然力求严谨、有所创新，但不足之处也在所难免。"嘤其鸣矣，求其友声"，诚恳读者不吝指教，多加批评与帮助。

谨为之序。

阮江军

2023 年 9 月 10 日于武汉珞珈山

前　言

　　油浸式变压器应用广泛，其绝缘状态监测和剩余寿命评估是一项重要任务。油浸纸是决定油浸式变压器寿命的关键因素，而老化与受潮会降低油浸纸的机械和绝缘性能。因此，对油浸纸老化和受潮状态的有效评估有助于准确地把握油浸式变压器的运行寿命，及早地发现绝缘潜在问题，提高配电网运行的安全性、可靠性与经济性。

　　聚合度是判断变压器油浸纸老化状态最可靠的指标，但测量聚合度需要直接采样，操作复杂且具有破坏性。基于介电响应的无损测量方式目前被广泛地应用于变压器油纸绝缘的受潮评估，但其评估结果易受老化等因素干扰；且变压器在运行时，油纸绝缘处于不均匀电热应力的环境中，其老化和受潮状态具有明显的空间分布特征，而目前的评估手段主要用于评估整体绝缘状态，可能会掩盖局部的绝缘信息。油浸纸的电气参数可以反映其老化和受潮状态，而基于有限元电场仿真和数值反演方法可以获得变压器内不同区域油浸纸的电气参数，进而为无损评估变压器内局部区域油浸纸的老化和受潮状态提供了新的技术手段。

　　本书共 6 章。第 1 章综述变压器油浸纸绝缘状态检测的国内外研究现状，阐述变压器油浸纸状态反演方法的研究框架。第 2 章总结油浸纸老化对其电阻率的影响，并解释端口绝缘电阻作为反馈输入量的可行性。第 3 章以 ρ 和 ε'（10^{-4} Hz）作为老化与受潮特征量，建立油浸纸聚合度-含水量状态辨识模型。第 4 章提出变压器内不同区域油浸纸 ρ 和 ε'（10^{-4} Hz）的分区恰定反演方法。第 5 章介绍为减弱反演输入量噪声对反演结果的影响，引入超定方程组改进变压器油浸纸参数分区恰定反演方法。第 6 章利用参数分区超定反演方法对变压器样机内不同区域的油浸纸电气参数进行反演计算，结合聚合度-含水量状态辨识模型评估其对应区域油浸纸的老化和受潮状态，并与试验结果进行比较。

　　限于作者水平，书中难免存在不足之处，恳请读者批评指正。

作　者

2022 年 9 月于武汉

目　　录

v

第 1 章

变压器油浸纸绝缘状态检测方法综述

变压器在运行过程中长期承受热、电、化学和机械应力，造成油纸绝缘的老化。老化使得油浸纸聚合度（degree of polymerization，DP）下降，进而导致其机械性能下降。同时，油浸纸老化会产生水分、酸、呋喃化合物、碳氧化物等老化副产物，这些副产物会加速油纸绝缘老化，降低绝缘性能。作为亲水性电介质，油浸纸聚集了变压器中大部分的水分，随着变压器运行年限的增加，其含水量也会随之增加。为了保障电网安全稳定和经济运行，对油浸式变压器绝缘状态进行评估至关重要。

油纸绝缘老化状态评估方法多建立在绝缘材料劣化后的理化参数与其绝缘状态之间的关系上，如油浸纸聚合度、油中糠醛含量、油中溶解气体分析（dissolved gasometric analysis，DGA）等。但聚合度的测量过程涉及直接采样，具有破坏性；油中溶解物经滤油、换油后浓度降低，影响评估结果。随着测量技术的发展，基于介电响应的无损测量方式被广泛地应用于变压器油纸绝缘的受潮评估，但由于老化对测量结果的影响与水分相似，若老化和受潮状态同时存在，则评估结果的可靠性会受到干扰。同时变压器中的油浸纸处于不均匀电场和不断变化的温度环境中，其老化和受潮状态具有明显的空间分布特征[1-2]，油浸纸整体绝缘状态评估可能会掩盖其局部老化状态。

1.1 变压器油浸纸老化和受潮的原因及危害

油纸绝缘系统中，变压器油具有流动性，绝缘状态分布较均匀，且取样方便，老化状态易被检测。当变压器油老化严重，可以通过滤油、换油的方式改善其绝缘性能。但是作为固体绝缘的油浸纸或纸板，一旦发生老化后，其性能的下降不可逆且难以替换，故油浸纸的老化程度直接决定了变压器的寿命。

1.1.1 油浸纸老化的原因

变压器油浸纸老化是由多种因素综合作用造成的，这些因素主要包括热、电、机械和水解、酸解等。

1. 热老化

热老化是变压器油浸纸老化的主要因素。在高温的作用下，以纤维素为主的油浸纸会发生热降解，使纤维素的主链断裂，生成 H_2O、CO、CO_2 等老化副产物[3]，导致其聚合度、机械性能下降。油浸纸热老化的速率取决于化学反应速率，会随着其温度的上升迅速增加，热老化速率与温度的关系符合阿伦尼乌斯（Arrhenius）方程[4]：

$$k = A_a \mathrm{e}^{-E_\mathrm{a}/k_\mathrm{B}T} \tag{1.1}$$

式中：k 为化学反应速率；T 为化学反应时的温度，K；A_a 为化学反应因子；E_a 为油浸纸的活化能，eV；k_B 为玻尔兹曼常量。

我国油浸式变压器在额定负载下的绕组平均温升为 65 K，热点最高温升为 78 K，当环境温度为 20℃时，变压器可以运行 20～30 年[5]。当温度继续上升时，变压器的寿命就会缩短。国家标准《电力变压器 第 7 部分：油浸式电力变压器负载导则》（GB/T 1094.7—2008）[6]明确指出绝缘为 A 级的变压器，以 98℃为基准值，当温度为 98℃时，变压器的老化速率为 1，当温度为 80～140℃时，每增加 6℃，油浸纸的老化速度会增长一倍，反之则减小 50%，称为"6℃法则"。当最高温度超过 140℃时，变压器的正常运行会受到影响。变压器绝缘寿命和运行温度间存在蒙托辛格氏（Montsiger）法则[7]，如式（1.2）所示：

$$L = L_0 \mathrm{e}^{-\alpha(\theta-\theta_0)} \tag{1.2}$$

式中：L 为实际运行温度下的绝缘寿命，年；L_0 为基准温度下的绝缘寿命，年；θ 为实际运行温度，℃；θ_0 为基准温度，℃；α 为热老化系数，取值为 0.1155。

2. 电老化

电老化指油浸纸在强电场作用下逐渐老化。研究表明，油浸纸在电场作用下的平均寿命 L 与电场强度 E 成反比关系[8-10]，如式（1.3）所示：

$$L = \frac{K}{E^n} \tag{1.3}$$

式中：K 和 n 为与材料、电压及温度相关的经验常数。

油浸纸在制造与运行过程中，难免存在少许微观尺度气隙缺陷，当电场强度达到气隙的起始放电场强度时，会发生局部放电，对绝缘造成破坏。研究认为，不断累积的局部放电是造成电老化的主要原因[11-13]。

3. 机械老化

运行中的变压器在电磁力的作用下，绕组会发生机械振动。短路故障或暂态过载引起的短路电动力会使绕组变形。在机械应力的作用下，绝缘材料中的局部缺陷可能会逐步发展扩大，局部放电加剧。振动还会使老化的油浸纸局部脱落，降低油隙绝缘强度，堵塞油道，引发过热。在高温的作用下，机械老化会加速。固体绝缘材料的平均寿命 L 与温度 T 和机械应力 δ 之间的关系为[12]：

$$L = L_0 e^{(W-\gamma\delta)/k_B T} \tag{1.4}$$

式中：L_0、W、γ 为与材料有关的参数；k_B 为玻尔兹曼常量。

4. 水解、酸解老化

统计表明，变压器投运之初，油浸纸含水量为 0.4%～1%，投运后变压器由于多种因素的影响，油浸纸的含水量为 2%～5%。由于纤维素的亲水性，水分极易被绝缘纸吸收，研究表明变压器中 99% 的水分存在于油浸纸中[14-15]。绝缘纸含水量越大，纤维素的降解速度就越快，水分的存在会加速油纸绝缘的老化[16]。文献[17]指出绝缘纸的含水量每上升 0.5%，老化的速率增长一倍；文献[18]的研究表明含水量为 1% 绝缘纸的老化速率是含水量为 0.1% 的 10 倍；文献[19]的研究显示含水量为 4% 的绝缘纸会使变压器的使用寿命缩短 40 倍。

酸是油浸纸老化的产物，也是促进纤维素发生水解的催化剂[19-20]，易被绝缘纸吸收[21]，使绝缘电阻呈现指数下降趋势[22]。

氧气对油浸纸老化的加速作用比水分小[23]，在氧气存在的条件下，油浸纸的老化速度是在无氧条件下的 2.5～3 倍[17, 24]。

1.1.2 油浸纸受潮的原因

一台绝缘状况良好的变压器，其绝缘纸含水量应保持在低水平，研究表明新制造好的变压器绝缘纸含水量为 0.4%～1%，投运后变压器由于多种因素的影响，绝缘纸的含水量在 2%～5%内浮动[14]。变压器的绝缘纸水分来源主要有三个。

（1）变压器在制造过程中，经过真空干燥、真空注油和热油循环等除水工序，油纸绝缘中大部分水分被除去，但仍然会残留少量水分，一般为 0.2%～0.5%[25]。

（2）大气是变压器水分的主要来源。从大气进入变压器的水分主要分为三种形式：一是安装或者维修时，绝缘整体直接暴露在大气中吸湿；二是大气和变压器油或气隙的水蒸气压力不同，导致水分进入；三是由于密封不严，当大气压高于箱体内的气压时，潮湿的空气会被吸入变压器内。

（3）油浸纸的老化导致纤维素分子链断裂，也会产生水分[26]。

变压器油中的水分会以溶解态、悬浮态、沉积或附着在箱体上这三种形式存在。油浸纸中水分的存在形式主要有通过细胞壁渗透作用吸附的水分、通过毛细作用或纸表面孔隙吸附的水分、形成化学键的水分[27]。

1.1.3 老化和受潮对油浸纸的危害

A 级硫酸盐木浆纸是常用的变压器纸绝缘材料，它是由 90%的纤维素、6%～7%的半纤维素、3%～4%的木质素等化学成分构成的[4]。纤维素是一种高分子聚合物，是广泛存在的一种天然有机物，占植物界碳质量分数的 50%以上，其中棉花的纤维素质量分数最高，几乎接近 100%。纤维素的化学分子式为(质量分数 $C_6H_{10}O_5)_n$，其分子结构如图 1.1 所示。纤维素分子中包含的 β-D-吡喃葡萄糖基（$C_6H_{10}O_5$）个数 n 即是该分子的聚合度。聚合度是衡量聚合物分子大小的指标，是纸绝缘老化程度最准确、可靠、有效的判据，新绝缘纸的聚合度一般为 1300 左右。

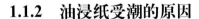

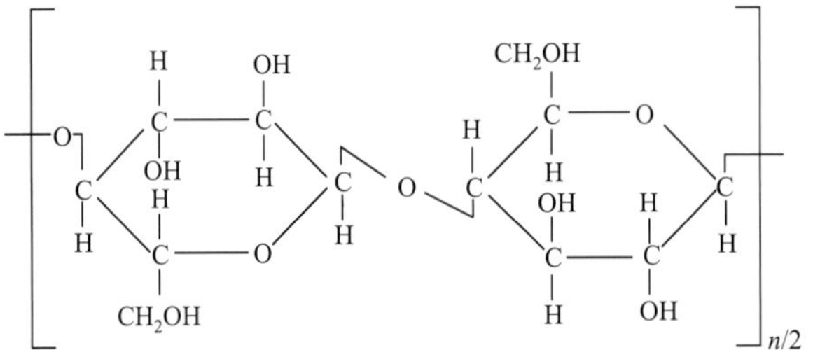

图 1.1　纤维素分子结构

油浸纸老化除了产生水分、酸、呋喃化合物、碳氧化合物等老化副产物，还会破坏绝缘纸的微观结构，使纤维素之间的分子链断裂，油浸纸的聚合度下降，导致原本紧密排列的纤维结构变得疏松，甚至脱落。研究表明，老化和油浸纸的绝缘强度之间没有直接关系[28-33]，人们关注老化，是因为其对绝缘机械性能的影响：纸绝缘老化后，纤维素分子链的断裂使其拉伸强度（tensile strength，TS）下降[34-35]，TS 指材料在拉伸时单位截面积能够承受的不至于断裂的最大应力，研究表明当油浸纸聚合度接近 200 左右时，其 TS 只有新纸的 20%[19]。因此，老化后的油浸纸可能无法抵御由于暂态过电压、短路造成的较大机械应力，导致局部脱落甚至绕组变形。

除了温度，水分被认为是变压器绝缘的"头号敌人"。变压器大部分的水分存在于油浸纸中，水分的增加会降低油浸纸的绝缘强度。当油浸纸的含水量不超过 2%时，水分对绝缘强度及沿面起始放电电压的影响有限[32, 36-37]。当油浸纸含水量高于 2%时，随着油浸纸含水量的增加，起始放电电压大幅降低[25, 38]。文献[39]通过实验表明，当水分浓度为 4%~6%时，油浸纸的局部放电起始电压和击穿电压仅为干燥油浸纸的 10%。此外，当温度升高时，潮湿的油浸纸表面会出现气泡，这些附着在油浸纸表面或分散于油中的气泡会降低绝缘强度，可能导致局部放电甚至击穿[40-41]。油浸纸含水量的增加还会大幅度地降低气泡产生的起始温度[42-43]。同时，酸性条件下的水解是油浸纸主要的老化形式[44-45]，而油浸纸的水解也需要水分子的参与[46-47]，因此，水分也是老化的催化剂，会加快绝缘油纸的老化速率。

1.2　变压器油浸纸老化和受潮状态评估研究现状

自油浸式变压器诞生以来，为了确保变压器安全运行，科学家和工程师从未停止过对变压器油浸纸老化和受潮状态评估方法的研究与探索。研究者从老化副产物、老化和受潮后的材料性能及电气性能变化入手，提出了不同的状态评估方法。从评估手段来看，主要可以分为直接评估法和间接评估法。直接评估法通过取样测量相关特征参数来判断变压器绝缘状态。间接评估法通过测量与老化和受潮特征量相关的间接参数来实现评估。直接评估法评估结果可靠，但需要对变压器进行吊心/吊罩，取样过程可能对绝缘造成二次破坏或污染，因此，间接评估法成为目前的研究热点。变压器油浸纸老化和受潮状态评估方法如图 1.2 所示。

1.2.1　变压器油浸纸老化状态评估研究现状

1. 油浸纸聚合度检测法

聚合度是油浸纸中构成纤维素的葡萄糖单体数目，与机械性能有关，老化会导致

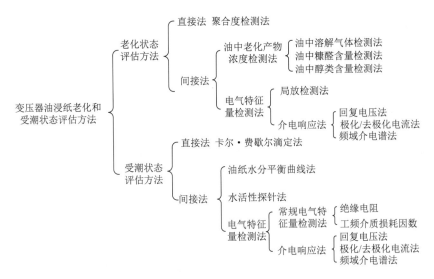

图 1.2 变压器油浸纸老化和受潮状态评估方法

油浸纸聚合度下降,因此,聚合度是判断油浸纸老化状态最可靠的指标,很多评估方法及剩余寿命模型都是基于聚合度建立起来的[48-52]。未老化的油浸纸聚合度约为 1000,一般认为,当油浸纸的聚合度下降至 500,其整体绝缘寿命已到达中期,当油浸纸的聚合度下降至 250 左右时,绝缘寿命已接近晚期。我国电力行业标准《油浸式变压器绝缘老化判断导则》(DL/T 984—2018)中明确指出:当油浸纸的聚合度降低至 250 时,应引起注意;当油浸纸的聚合度降低至 150 时,油浸纸已完全丧失机械强度,此时变压器应退出运行[53]。

20 世纪 80 年代 Oommen 和 Arnold[54]提出了变压器油浸纸平均聚合度的黏度法测量方法,具体过程是将纸样撕碎并溶于铜乙二胺溶液,然后通过乌氏黏度计测量溶液的黏度,继而计算得到聚合度[55]。该方法所需样品量少,但实施时需要对变压器进行吊心/吊罩,操作十分复杂,经济成本高。为了能够无损地测量聚合度,英国学者 Ali 等[56]研究了油纸绝缘老化产物的光谱特性,Baird 等[57]建立了油浸纸聚合度与其光谱特征之间的关系。重庆大学廖瑞金等[58]基于红外光谱特性研究了油纸绝缘热老化过程。西安交通大学李元等[59]将近红外光谱应用于聚合度定量评估。华中科技大学蔡德华[60]和付强[49]分别利用了漫反射光谱法和油中游离纤维颗粒光学特性测量了油浸纸试品的聚合度。

虽然聚合度可以直接表征纸绝缘的寿命,但需要进行吊心/吊罩、取样过程破坏绝缘、经济性差等问题限制了它的应用。此外,变压器老化部位分布不均也对取样过程造成了较大的困难。因此,聚合度的测量一般应用在变压器大修或者退役变压器故障分析中。

2. 油中老化产物浓度检测

从纤维素降解的化学反应可以看出,油浸纸在老化过程中会生成糠醛、水分等物质，这些老化产物中的一部分会溶解于变压器油中，其浓度可以通过抽取变压器油样进行检测。因此，通过对油中老化产物的浓度进行检测可以间接地评估油浸纸的老化状态，主要方法包括：油中溶解气体分析、油中糠醛浓度检测、油中醇类含量检测法等。

1）油中溶解气体分析

变压器油及油浸纸在老化过程中（如过热、放电等）会产生多种气体，这些气体溶解于油中，并逐步积累。通过油中溶解气体分析，可以间接地判断变压器的绝缘状态及潜在的缺陷。

油中 CO 和 CO_2 的总量和比值与油浸纸的老化程度有关。研究结果表明变压器油中 CO 浓度增加与油浸纸的老化有关，如果在 C_2H_2 浓度增加的同时，CO_2 和 CO 浓度的比值<6，那么说明油浸纸老化速度较快[61]。CO_2 和 CO 也与油浸纸的聚合度有强相关[62]。当 CO_2 + CO 的浓度≈3 mL/g 时，油浸纸聚合度大约为原来的 30%[63]。

尽管油中 CO 和 CO_2 的总量与比值可在一定程度上反映纸绝缘的老化程度，但变压器补油、滤油或换油都会改变原有的浓度比例，影响评估结果的可靠性；同时，矿物油老化也会生成 CO 和 CO_2，以 CO_2 和 CO 浓度为标准评估纸绝缘的老化状态，会受到变压器油的干扰[64]。变压器的绝缘结构、油纸比例、油纸的种类等因素也会显著地影响运行过程中 CO 和 CO_2 的生成量[65]。《变压器油中溶解气体分析和判断导则》（GB/T 7252—2001）虽然规定当 $3<CO_2/CO<10$ 时，纸绝缘正常老化、当 $CO_2/CO<3$ 时表明可能出现有关绝缘的故障[66]，但同时也指出当怀疑油浸纸过度老化时，应测试油中糠醛含量或油浸纸的聚合度。因此，DGA 法主要作为变压器油浸纸老化状态评估的一种辅助手段。

2）油中糠醛浓度检测

Burton 等[67]于 1984 年通过研究发现，老化变压器中存在以糠醛为主的呋喃化合物，且糠醛仅由纤维素材料的老化产生，与油老化无关[68]。糠醛含量与油浸纸的聚合度有良好的对数关系[69]，糠醛在油中溶解能力较好，沸点高不易挥发，持续对其进行监测可以评估变压器内油浸纸的老化状态。因此，各国先后制定了利用糠醛含量评估变压器老化状态的相关标准，国际大电网委员会也对糠醛评估油浸纸老化状态的方法进行了综合分析[70]。我国行业标准《油浸式变压器绝缘老化判断导则》（DL/T 984—2018）给出了非正常老化下油中糠醛含量对应的经验公式[53]；《电力设备预防性试验规程》（DL/T 596—2021）明确指出当糠醛含量大于 4 mg/L 时，绝缘已严重老化[71]。

重庆大学廖瑞金等[72-74]研究了水分、温度、金属、糠醛初始含量等因素对糠醛浓度的影响及其扩散机制。福州大学蔡金锭等[75]建立了变压器油纸绝缘等效电路中的参数与糠醛浓度的关系。

与 DGA 法相比，将油中糠醛浓度作为变压器油浸纸老化状态评估依据更为可靠，但其仍会受到滤油、补油、换油的影响。此外，油中糠醛含量还会受到热虹吸过滤器、抗氧化添加剂、吸附剂的影响[76]，这些因素导致测量得到的糠醛含量偏低。因此，单独使用油中糠醛含量作为老化特征量进行评估会引起较大误差，需要同时辅之以变压器运行年限、负荷情况、历史数据等进行综合评估。

3）油中醇类含量检测法

醇类是油浸纸老化的另一种产物，在绝缘老化初期，油中醇类含量较糠醛高，对油浸纸老化反应更加敏感[77-78]。醇类中，甲醇的稳定性最好，因而被作为老化特征量的首选。研究表明，油中醇类含量与油纸的聚合度有很好的相关性[79-80]。目前，该方法尚处在探索阶段，还未形成定量的评估方法，也没有形成相关标准。

3. 电气特征量检测

绝缘材料老化会体现在其电阻率、介电常数的变化，因此可以通过绝缘电阻、介质损耗因素等的测量，反映绝缘材料的老化程度。

1）局部放电检测法

局部放电可以用于表征油浸纸的老化程度。印度尼西亚学者 Ariastina 等[81]研究了不同老化阶段油浸纸样的局放信号规律。巴基斯坦学者 Khawaja 等[82]研究了水分、温度、老化变压器油对局放信号的影响。罗马大学 Pompili 和 Mazzetti[83]将局放技术应用于检测操作过电压下油纸绝缘的老化过程，并将累计现在放电量和起始放电电压作为评估油浸纸老化状态的判据。瑞典皇家理工学院的 Kiiza 等[84]认为局部放电参数总电荷量和重复频率的降低是油浸纸严重降解的标志。重庆大学廖瑞金等[85-86]基于油纸绝缘老化过程中的局部放电规律，提取特征信号，利用主成分因子分析法判断油浸纸样品老化状态。华北电力大学的谢军[87]研究了老化对油浸纸局部放电的影响，并提出了抑制局放信号干扰的方法。

由于油浸纸中的局部放电形成的波在变压器内会形成复杂的反射、折射、衰减等过程，难以建立油浸纸老化程度与局部放电之间的定量关系。

2）介电响应法

绝缘材料老化会使其电阻率、介电常数发生改变，也会使其在不同电压激励下的极化特性有所改变。介质的极化形式主要包括：电子式极化、离子式极化、偶极子式极化、界面极化等。其中电子式极化和离子式极化所需时间极短，消耗的能量也极小，可以忽略不计。而偶极子式极化、界面极化的建立时间相对较长，介电响应法主要关注的就是这部分的极化特性。

比较常用的介电响应法包括：反映时域极化特性的回复电压法（recovery voltage method，RVM）、极化/去极化电流（polarization/depolarization current，PDC）法，反映频域极化特性的频域介电谱（frequency domain dielectric spectroscopy，FDS）法。

（1）回复电压法。回复电压法的测量原理如图 1.3（a）所示，先断开 S_2，闭合 S_1，给绝缘试品充电，然后断开 S_1、闭合 S_2，给绝缘试品放电，再断开 S_2，使绝缘试品开路。典型的回复电压测量曲线如图 1.3（b）所示，其中，t_c 为充电时长，t_d 为放电时长，t_p 为回复电压测量时长，U_{rmax} 为回复电压最大值，S_i 为回复电压起始斜率，t_{cdom} 为中心时间常数，S_i、U_{rmax}、t_{cdom} 与充电时间 t_c 的关系被称为极化谱。研究表明，不同的绝缘状态会影响 S_i、U_{rmax}、t_{cdom} 的极化谱。

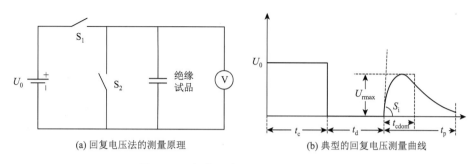

(a) 回复电压法的测量原理　　　　(b) 典型的回复电压测量曲线

图 1.3　回复电压法测量原理和典型曲线

瑞士苏黎世大学 Osvath 和 Zahn[88]研究了不同老化程度下油浸纸的回复电压极化谱，发现老化时间越久，极化谱越向左上方移动。澳大利亚昆士兰大学 Saha 等[89-90]发现中心时间常数 t_{cdom} 与老化和水分关系密切，且 U_{rmax} 及 S_i 则由绝缘结构决定。重庆大学贡春艳[91]研究发现，随着老化的加深，中心时间常数 t_{cdom} 减小，回复电压最大值 U_{rmax} 和初始斜率 S_i 增大。其他研究则着重于水分、温度、酸对回复电压法的影响[92-94]。福州大学林智勇和蔡金锭[95]以真型变压器为对象，发现回复电压在短充电时间下主要反映油的老化状况，而在长充电时间下则主要反映绝缘纸的老化状态，但也有研究表明，回复电压法难以区分油纸绝缘老化是由变压器油还是油浸纸老化导致的[89-90, 96]。

（2）极化/去极化电流法。极化/去极化电流法的测量是在绝缘试品两端施加直流电压 U_0，此时流过试品的电流为极化电流 $i_{pol}(t)$，包含电导电流和吸收电流，随着充电时长的增加，吸收电流会衰减为零，最终只剩电导电流 i_{dc}。在充电过程中，绝缘内部偶极子在恒定电场作用下发生定向排列，逐渐在两端积累束缚电荷。充电 t_c 后，将试品两端短路，充电过程中积累在两端的束缚电荷会逐渐释放，形成去极化电流 $i_{dep}(t)$。极化/去极化电流法的测量电路和典型的测量曲线如图 1.4 所示，t_d 为放电时间。绝缘试品的直流电阻率可以通过式（1.5）获得

$$\rho = \frac{C_0 U_0}{\varepsilon_0 \left(i_{pol}(t) - i_{dep}(t) \right)} \tag{1.5}$$

式中：$\varepsilon_0 = 8.85 \times 10^{-12}$ F/m 为真空介电常量；C_0 为几何电容；$i_{dep}(t)$ 为衰减函数，当充电时间足够长时，$i_{dep}(t)$ 衰减至零，因此，极化电流 $i_{pol}(t)$ 的末端也可以对应绝缘试品的直流电阻率，如式（1.6）所示。

$$\rho \approx \frac{C_0 U_0}{\varepsilon_0 i_{pol}(\infty)} \tag{1.6}$$

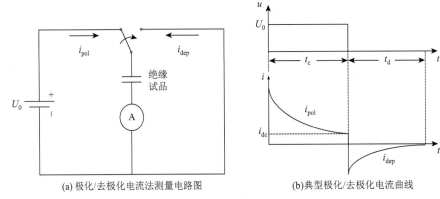

(a) 极化/去极化电流法测量电路图　　(b)典型极化/去极化电流曲线

图 1.4　极化/去极化电流法的测量电路和典型的测量曲线

研究表明，极化/去极化电流的初始部分受油的状态影响，而末端受油浸纸的影响[97]。西安交通大学王世强[98]的研究表明纸板老化造成真空中和油浸渍的纸板极化/去极化电流增大，电导率增加。重庆大学杨丽君等[99]探究了老化时间和温度对极化/去极化电流的影响。杨雁等[100]和 Hao 等[101]提出用去极化电量来表征油浸纸的热老化状态。三峡大学 Zhou 等[102]也使用 PDC 测量得到的直流电导率作为油浸纸老化的特征量。Saha 和 Purkait[103]通过比较不同运行年限的变压器，发现年限较久的变压器的极化/去极化曲线明显高于新变压器，同时也指出 PDC 对水分的影响反应更为敏感。

在时域介电响应法中，除了直接建立特征量与绝缘状态的关系，还有一些学者借助油浸纸绝缘等效电路模型中的参数变化对变压器的绝缘状态进行分析，其中，能够表征极化损耗的扩展 Debye 电路模型最为常见。Saha 等[104]基于扩展 Debye 电路模型对回复电压和极化/去极化电流曲线进行仿真，并指出油纸绝缘的状态会影响等效模型中的参数。福州大学的蔡金锭等[105-106]利用回复电压极化谱辨识得到等效电路模型中的参数评估变压器油纸绝缘的老化状态。西南交通大学的吴广宁等[1]基于修正后的 Debye 电路模型研究了不均匀老化状态下油浸纸的时域介电响应。

（3）频域介电谱法。FDS 的基本思想是在交流电压激励下，测量复电容 C^*、复介电常数 ε^*、介质损耗因数 $\tan\delta$ 等参数随电压频率的变化来表征绝缘材料的状态。频域下电介质的介电响应是频率的函数，较之单一频率下的频域参数，更宽频段下的介电响应包含丰富的绝缘信息，其测量电路示意图如图 1.5 所示。

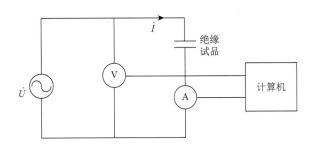

图 1.5　频域介电谱测量电路示意图

当绝缘试品两端施加角频率为 ω 的交流电压 $\dot{U}$ 时，流过试品的电流 $\dot{I}$ 为

$$\dot{I} = (\text{j}\omega C + G)\dot{U} = \text{j}\omega\left(C - \text{j}\frac{G}{\omega}\right) = \text{j}\omega C^* \dot{U} \qquad (1.7)$$

$$C^* = C - \text{j}\frac{G}{\omega} = C' - \text{j}C'' \qquad (1.8)$$

式中：C' 与 C'' 分别为复电容 C^* 的实部和虚部；C 为物理意义上的电容，F；G 为包括电导损耗和极化损耗的等效电导，S。若是平板电极结构，则复电容 C^* 可以表示为

$$C^* = \frac{\varepsilon_0 \varepsilon S}{d} - \text{j}\frac{G}{\omega} = \frac{\varepsilon_0 S}{d}(\varepsilon' - \text{j}\varepsilon'') = \frac{\varepsilon_0 S}{d}\varepsilon^* \qquad (1.9)$$

式中：$\varepsilon_0 = 8.85 \times 10^{-12}$ F/m 为真空介电常数；d 为试品的厚度，m；S 为电极有效面积，m^2；ε 为试品相对介电常数；ε' 与 ε'' 分别为试品复介电常数 ε^* 的实部和虚部，$\varepsilon' = \varepsilon$。

介质损耗因数 $\tan\delta$ 如式（1.10）所示，它可以表征绝缘材料单位体积内的有功损耗。可以发现 C^*、ε^*、$\tan\delta$ 均是频率的函数。

$$\tan\delta = \frac{C''}{C'} = \frac{\varepsilon''}{\varepsilon'} \qquad (1.10)$$

变压器油纸绝缘的 FDS 曲线的不同频段可以表征不同的绝缘信息，其中低频段和高频段主要反映纸的绝缘状态，油的绝缘状态主要影响中频段[107]。挪威学者 Linhjell 等[108]在测量了不同老化程度的油浸纸样品的 FDS 后发现复相对介电常数的实部和虚部、$\tan\delta$ 频谱随老化程度的加深而上升，并且指出造成变化的原因是老化后的极性产物而不是单纯的聚合度下降。印度学者 Poovamma 等[109]通过热老化实验发现 $\tan\delta$ 频谱和复介电常数的虚部同油浸纸的老化程度呈正相关。波兰学者 Gielniak 等[110]发现老化对油纸绝缘 FDS 的影响远小于水分。澳大利亚学者 Yew 等[111]测量了油浸纸不同温度下的 FDS，发现其复电容实部与虚部的交点对应的频率随温度呈指数关系变化。国内方面，重庆大学 Liao 等[112]通过样品实验建立了低频段 $\tan\delta$ 及 ε'' 与聚合度的定量关系，提出将复电容的虚部作为表征油纸绝缘聚合度和含水量的特征量，并采用"FDS 曲线频率平移法"消除了温度对 FDS 的影响。西安交通大学 Wang 等[114]利用仿真获得了不同老化时长下的 FDS 曲线，并从中提取弛豫时间 τ 及其相关参数 α 和 β 来表征油纸绝缘老化状态。

综合来看，大部分研究表明 RVM 只适用于评估油纸绝缘的整体状态，无法区分油和纸的影响。同时 RVM 所测得的极化谱易受残余电荷和变压器套管电流的影响[96]，对 RVM 极化谱的解释也过于复杂[115]。由于受多种因素影响，RVM 目前尚难以独立地应用于工程实际，更多的则是作为评估绝缘状况的辅助手段[14]。PDC 一定程度上可以区分变压器油和油浸纸的状态，但是测试时刻从 1 s 开始，遗漏了部分介电响应信号；FDS 与其他两种方法相比，包含绝缘信息丰富，抗干扰能力强，因而应用更为广泛[116]。但值得注意的是，PDC 和 FDS 对水分更为敏感，且老化与水分对 PDC 和 FDS 的影响相似。因此，如何区分老化和水分两种因素对介电响应法的影响仍需研究。

1.2.2 变压器油浸纸受潮状态评估研究现状

常用的油浸纸受潮状态的评估方法主要有卡尔·费歇尔滴定法（Karl Fischer titration, KFT）、油纸水分平衡曲线法、水活性探针法和电气特征量检测法。近年来随着探针和测量技术的发展，在线水活性探针法和介电响应法也已逐渐地应用在变压器油浸纸受潮状态评估方面[117]。这些方法中，除了 KFT 为直接评估法，其余均为间接评估法。

1. 卡尔·费歇尔滴定法

KFT 是由德国化学家 Fischer 于 1935 年提出的一种化学分析方法，即用容量滴定法或恒电流库仑法测量样品中的水分。容量滴定法的灵敏度仅限于 10 μg 水，难以适用于干燥样品，而恒电流库仑法的灵敏度可以达到 10 μg 以下[26]。其原理是利用碘氧化二氧化硫时，需要一定量的水参加反应。式（1.11）显示的是当样品中的水分进入装有卡尔·费歇尔滴定试剂的电解池中发生的反应，样品中的水分不断地与碘反应，直至将水分耗尽，通过此反应可以计算出样品中的含水量。

$$2H_2O + SO_2 + I_2 \xrightarrow{\qquad} H_2SO_4 + 2HI \tag{1.11}$$

样品的水分有三种方式进入电解池。

（1）直接注入法：将样品直接注入电解池中，这种方法适用于液体，如变压器油等。

（2）萃取法：通过亲水性介质如甲醇来萃取样品中的水分，然后将萃取后的甲醇溶液注入电解池进行滴定，这种方法适用于固体样品如绝缘纸。

（3）蒸气法：通过外部加热设备加热样品，将含有水蒸气的气流引入电解池中与卡尔·费歇尔试剂发生反应。

从三种样品注入方法可以看出，KFT 与聚合度检测法一样，尽管结果可靠性高，但都需要直接取样于变压器，操作复杂且经济成本高。

2. 油纸水分平衡曲线法

不同温度下，水分会在油与纸之间迁移，当温度逐渐稳定时，水分按一定比例分布在油和纸中，达到动态平衡。Fabre 和 Pichon[17]于 1960 年首先提出了水分在油纸之间的平衡曲线，后人基于这种特性和工程实际情况分别提出了不同的水分平衡曲线，目前主要有 Oommen 水分平衡曲线[118]、Fabre-Pichon 水分平衡曲线和 Griffin 水分平衡曲线[119]，其中，Oommen 水分平衡曲线应用最为广泛，如图 1.6 所示。

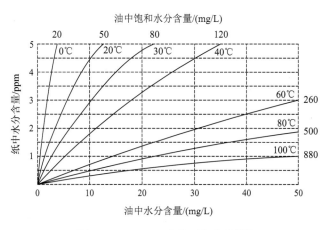

图 1.6 Oommen 水分平衡曲线[118]

油纸水分平衡曲线法可以实现在线监测，只需取出特定部位的油样，采用 KFT 测量油中含水量，通过平衡曲线即可推知纸绝缘中的含水量，操作简单方便。但是平衡曲线的缺点也很明显，首先，是温度平衡条件难以达到，且水分的平衡将滞后于温度的平衡；其次，是曲线标准未统一，采用不同水分平衡曲线会得到不同的结果；对于低水分的绝缘纸估算的结果误差较大；最后，所有的平衡曲线均未考虑油纸绝缘老化后的影响。因此，许多学者提出了一些改进的措施，如华北电力大学王伟等[7]研究了老化后油浸纸板的吸湿特性和对水分平衡曲线的影响规律，并对 Oommen 曲线在油浸纸老化条件下进行了修正。西南交通大学的周利军等[120-121]研究了老化对油浸纸中水分扩散的影响，认为油浸纸老化对油纸水分平衡曲线的影响可以通过对平衡曲线横坐标方向的平移来表征。

3. 水活性探针法

当变压器处于特定温度 T 且达到温度平衡时，溶解在油中的水蒸气压强将等于被纸板吸附的水蒸气压强 $P_v(T)$。油中的水活性 a_w 指的是油中的水蒸气压 $P_v(T)$ 与相同温度下纯水的饱和蒸气压强 $P_0(T)$ 的比值，如式（1.12）和式（1.13）所示[117, 122]。

$$a_w = \frac{P_v(T)}{P_0(T)} \tag{1.12}$$

$$P_0(T) = 0.00603 \times e^{\frac{17.502T}{240.97+T}} \tag{1.13}$$

而油浸纸中的含水量 WCP 可以通过式（1.14）计算[123]，将式（1.12）和式（1.13）代入式（1.14）即可得到油浸纸中的含水量：

$$\text{WCP} = 2.173 \times 10^{-7} \times P_v(T)^{0.6685} \times e^{\frac{4725.6}{273+T}} \tag{1.14}$$

水活性探针可直接浸入油浸纸附近的油中来测量油中水活性 a_w。测量时，探针应插入流动的油流中，最好插入变压器顶部，因为此处绕组和油流的温差最小，插入后探针只需要几分钟即可与附近油流达到热平衡。水活性探针法可以实现对变压器油纸绝缘含水量的在线监测，采用探针法前必须已知探头处的温度，否则会造成较大的误差[14]。同时，水活性探针法获得的结果只能反映探头附近油浸纸表面的含水量[124]。探针也会改变原本的电场分布，其放置位置有待进一步研究。

4. 电气特征量检测法

水分作为强极性物质，会改变油纸绝缘的电气参数，可以利用这些电气参数随含水量的变化趋势来评估变压器的受潮状态，主要的方法有绝缘电阻、工频介质损耗因数测量及广泛地应用于受潮状态评估的介电响应法。

1）常规电气特征量检测法

（1）绝缘电阻测量。绝缘电阻测量是变压器制造、安装及检修时最常规的检测，其操作方式简单，能够实现快速测量，被广泛地应用于变压器预防性试验中。在直流电压激励下，电场按照电阻率分布，故测量绝缘电阻更能反映电阻率较高的纸绝缘的状态。

当对电介质施加直流电压时，流过电介质的电流受电压阶跃的影响不仅包含电导电流也包含位移和极化电流（也称为吸收电流），由于电压变化很快结束，位移电流可以忽略不计，当电压长时间稳定后，吸收电流衰减至零，测得的绝缘电阻才会稳定，但由于界面极化的时间过长，现场应用时为了节省时间一般测量特定时刻下的绝缘电阻（如60 s 的绝缘电阻 R_{60}）或采用不同时间的绝缘电阻值之比来表征绝缘材料的吸收现象（如60 s 和 15 s 的绝缘电阻值之比，即吸收比 R_{60}/R_{15}，以及 10 min 和 1 min 的绝缘电阻之比：吸收指数 R_{10}/R_1）。《油浸式电力变压器技术参数和要求》（GB/T 6451—2015）和《电力设备预防性试验规程》（DL/T 596—2021）都对不同电压等级变压器测量绝缘电阻做出了相应的规定[71, 125]：10 kV 以上和容量在 4000 kV·A 以下的 35 kV 电压等级变压器，检修时需测量 R_{60}；66 kV 以上和 4000 kV·A 以上的 35 kV 电压等级变压器，检修时需测量 R_{60} 和吸收比 R_{60}/R_{15}；330 kV 以上电压等级变压器三者均要测量。对于未受潮的变压器，其吸收比 R_{60}/R_{15} 不应小于 1.3，或吸收指数 R_{10}/R_1 不应小于 1.5。

由于绝缘电阻受老化、水分、温度、绝缘结构、变压器油等因素的共同影响，在对实际变压器检测时需要结合实际运行状况和人工经验来判断其绝缘状态[126]。

（2）工频介质损耗因数（dielectric dissipation factor）测量。在工频交流电压激励下，由于极化现象，电介质中流过的电流 I 会超前工频电压 U 一定的角度 φ，$\varphi < 90°$，这是由电介质电导和极化的滞后效应所引起的，如图 1.7 所示，δ 为 φ 的余角，

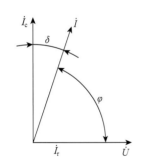

图 1.7　交流电压下电介质电流电压相量图

I_c 为无功电流，I_r 为有功电流。介质损耗因数（以下简称介损）$\tan\delta = I_r/I_c = P/Q$，其中，$P$ 为包含电导损耗和极化损耗的有功功率，Q 为无功功率。因此，$\tan\delta$ 可以用来表示交流激励下电介质中的能量损耗，它反映了电介质的电阻率、相对介电常数的变化，且与电介质的结构尺寸无关。

《油浸式电力变压器技术参数和要求》（GB/T 6451—2015）和《电力设备预防性试验规程》（DL/T 596—2021）都对不同电压等级变压器测量工频介损做出了相应的规定[71, 125]：20℃时，750 kV 电压等级变压器的工频介损不能超过 0.5%；330～500 kV 以上电压等级变压器的工频介损不能超过 0.6%；110～220 kV 电压等级变压器的工频介损不能超过 0.8%；35 kV 电压等级的变压器的工频介损不能超过 1.5%。同时，在估算油浸纸或纸板的含水量时需考虑工频介损。一般采用西林（Schilling）电桥法测量变压器的工频介损。

工频介损对油纸绝缘整体劣化反映较灵敏，但也会受到老化、水分、温度、变压器油等因素的影响，对局部绝缘劣化也不敏感。

2）介电响应法

前节提到的将以介电响应为基础的 RVM、PDC、FDS 作为无损检测手段，由于对水分更为敏感，被广泛地应用于变压器油浸纸的受潮评估中。澳大利亚 Saha 和 Purkait[103] 针对不同含水量的油浸纸样品进行了 RVM 测试，发现中心时间常数 t_{cdom} 会随着含水量的增加而呈现出线性下降的趋势。福州大学林燕桢和蔡金锭[127]指出：可以利用回复电压极化谱特征量随水分的变化规律来诊断油纸绝缘变压器的微水含量。但是也有研究表明采用 RVM 评估得到的含水量往往偏高[115]。

大量研究表明，油浸纸的 PDC 的末端随着其含水量的增加而上移，而初始部分基本不变[128, 129]。三峡大学张涛等[130]将由 PDC 测量得到的电导率视为含水量特征量。重庆大学的刘捷丰等[131]从 PDC 中提取了极化电量斜率与稳定极化电量两个特征量并对油浸纸板的含水量进行评估。

瑞士学者 Zaengl[132]发现油浸纸的 FDS 中 $\tan\delta$ 的最小值与含水量之间有良好的关联，并给出了拟合关系式。挪威学者 Linhjell 等[108]指出 FDS 对水分和酸等极性物质的反应敏感。重庆大学杨丽君等[133]利用修正 Cole-cole 模型提取了可以表征油浸纸含水量的频域介电特征参量。西南交通大学郭蕾等[134]基于 FDS 研究了不均匀老化油浸纸的稳态水分分布，并从 FDS 的 10^{-3}～10^{3} Hz 频段提取出能够表征水分的特征量。哈尔滨理工大学张明泽等[135]基于 XY 模型和 FDS 提出了一种计算油纸绝缘含水量的迭代方法，取得了良好的效果。

综合来看，采用 KFT 评估变压器油纸绝缘的受潮状态，存在取样困难、经济成本高等问题，测量过程也会受到环境和人员操作的影响。油纸水分平衡曲线法操作方便简单，但并不适用于受潮程度轻或者老化的变压器。水活性探针法通过探针获得油中水活性后计算油浸纸中的含水量，结果受温度和油流影响较大。针对介电响应法，目前基于 PDC 和 FDS，美国梅凯公司、奥地利欧米克朗公司均已开发出相关设备对变压器的含水

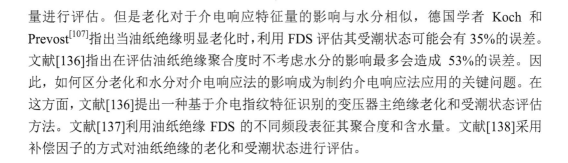

量进行评估。但是老化对于介电响应特征量的影响与水分相似，德国学者 Koch 和 Prevost[107]指出当油纸绝缘明显老化时,利用 FDS 评估其受潮状态可能会有 35%的误差。文献[136]指出在评估油纸绝缘聚合度时不考虑水分的影响最多会造成 53%的误差。因此,如何区分老化和水分对介电响应法的影响成为制约介电响应法应用的关键问题。在这方面,文献[136]提出一种基于介电指纹特征识别的变压器主绝缘老化和受潮状态评估方法。文献[137]利用油纸绝缘 FDS 的不同频段表征其聚合度和含水量。文献[138]采用补偿因子的方式对油纸绝缘的老化和受潮状态进行评估。

1.3　基于人工智能的变压器油浸纸老化和受潮状态评估研究现状

　　用来评估变压器油浸纸老化和受潮状态的特征量众多,这些特征量与绝缘状态并不是一一对应的,关联有强有弱,同时它们相互之间也存在一定的相关性。计算机和人工智能技术的发展为提取有效特征量提供了基础。近年来,很多学者将人工智能技术应用于油纸绝缘状态诊断中,专家系统、人工神经网络、遗传算法、模糊系统、支持向量机等多种智能算法先后被用于分析 DGA 测量结果,提升了 DGA 诊断方法的可靠性[139-141]。在电气特征量评估方面,澳大利亚的 Saha 和 Purkait[103]收集了在运变压器的 PDC 和 RVM 的时域特征,并基于此建立了专家系统对这些变压器绝缘老化和受潮状态进行评估。重庆大学 Li 等[142-143]将模糊聚类法、遗传算法、神经网络用于变压器局放信号分析,提高了老化状态的识别率。中国矿业大学(徐州)的张寰宇[144]基于随机森林和支持向量机分析了油纸绝缘的局放信号,并对油纸绝缘的老化状态进行了评估。西南交通大学曹建军[145]结合油纸绝缘老化后的化学和电气诊断方法及数据,建立基于模糊层次分析法的变压器油纸绝缘状态综合评估模型。南京南瑞继保电气有限公司的刘东超等[146]采集了 7 个老化层级的局放信号及油中气体,利用支持向量机提取特征量,并将结果输入到 D-S 证据融合框架中进行油纸绝缘老化状态识别。广西大学范贤浩等[147]融合支持向量机与 FDS 技术提出了一种考虑水分-老化协同效应的绝缘老化状态评估方法。重庆大学邹经鑫[148]基于拉曼光谱提取的特征量构建了神经网络和多分类支持向量机油纸绝缘老化状态诊断模型。

　　人工智能算法的应用降低了对工程人员经验的需要,提高了目前评估方法的效率和可靠性。但智能算法的分析一般基于大量实验数据,若实验数据过少、数据不具有代表性、数据本身存在奇异样本,则会引起误差并导致误判,如 DGA 法检测结果受变压器补油、换油的影响,局放信号易受干扰等。因此,评估变压器油浸纸的老化和受潮状态,不仅要从提高数据分析方法入手,特征量本身的可靠性也是重要的影响因素。如何降低各种因素对特征量本身的影响,是评估方法关注的重点。

1.4　油浸纸电气参数反演研究现状

自然界中所有客观存在的事物均可视为一个物理系统，一般情况下，一个物理系统可以用一系列的物理量来表征描述，其中一部分物理量可以被直接观察或测量，而另一部分无法直接获得，如对于一块材料，它的颜色、质量、体积可以通过观测和测量获得，但是其内部各点的密度、电阻率、刚度等参数却无法通过直接测量得到[149]。通常，能够直接测量的量往往十分有限，这就需要去探究系统中那些可测量与不可测量之间的关系，然后通过某种方式利用可测量去获得不可测量，达到较为真实地描述物理系统的目的。这是人类认识世界的基本规律，反演正是遵循这种规律衍生出的方法之一。

反演是一种基于物理系统规律，通过系统外部可测量或观测值反推内部未知参数的方法。现实生产生活中，模型的观测结果可以通过正演模拟计算、实验测量获得，而直接获得模型中的内部信息或参数往往很难实现，这就需要在已知正演过程的基础上利用观测结果通过反演手段反推。反演常应用于地球物理学领域，如利用地震台的观测资料、大地测量资料来推测震中、地震时间及震源等一系列信息[149-150]。此外，反演还能应用于电磁无损检测方面，西安交通大学陈振茂[151]基于电磁场原理将反演方法应用于材料裂纹无损检测，实现了对材料表面缺陷的识别。在计算高电压工程学领域，武汉大学阮江军等[151-155]基于电工装备多物理场的数值仿真，先后提出了电缆接头热点温升反演、变压器绕组热点温升反演方法及变压器套管介质损耗因数反演等，丰富了反演理论在电工装备方面的应用。

在参数反演方面，地球物理学领域的学者，常采用电阻率法对大地内部的参量进行反演，即通过对不同电极布置方式对应的土壤介质视电阻率的检测，来反推大地内部各处的电阻率，继而分析地下岩矿复杂的地质情况[156]。海洋学中也常采用海洋声层析的方法来反推所需的海洋环境参数[157]。结合绝缘材料属性，油浸纸电阻率可以在一定程度上反映其老化状态，为了考虑局部区域的绝缘状态，基于电工材料参数反演理论，武汉大学金硕等[158-160]采用反演方法对变压器内部局部区域油浸纸电阻率进行计算。但电阻率会受到老化、水分、温度等多种因素影响，单独反演电阻率势必无法对老化和受潮状态进行有效判断，如何区分水分的影响、进一步形成完整的老化和受潮状态评估方法仍有待研究。

1.5　本书内容概要

在目前变压器油浸纸老化和受潮状态评估方法中，直接评估法操作不便、经济成本高。间接评估法以建立间接特征量与油浸纸绝缘状态之间的关系为主要手段，由于油纸

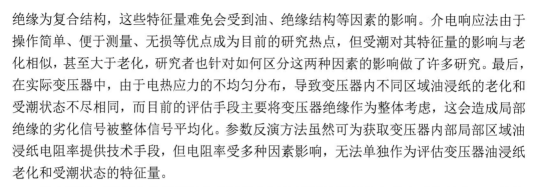

绝缘为复合结构，这些特征量难免会受到油、绝缘结构等因素的影响。介电响应法由于操作简单、便于测量、无损等优点成为目前的研究热点，但受潮对其特征量的影响与老化相似，甚至大于老化，研究者也针对如何区分这两种因素的影响做了许多研究。最后，在实际变压器中，由于电热应力的不均匀分布，导致变压器内不同区域油浸纸的老化和受潮状态不尽相同，而目前的评估手段主要将变压器绝缘作为整体考虑，这会造成局部绝缘的劣化信号被整体信号平均化。参数反演方法虽然可为获取变压器内部局部区域油浸纸电阻率提供技术手段，但电阻率受多种因素影响，无法单独作为评估变压器油浸纸老化和受潮状态的特征量。

综上所述，要想准确获得配电变压器内局部区域油浸纸的老化和受潮状态，目前的间接评估方法还需同时解决如下三个问题：

（1）如何提取有效评估特征量，减少油、温度、绝缘结构等因素的影响。

（2）如何在评估过程中区分老化和受潮两种状态，提出合适的油浸纸聚合度和含水量的辨识模型，准确地评估油浸纸老化和受潮状态。

（3）如何评估局部绝缘状态，减少平均效应。

为了解决这三个问题，本书从特征量入手，一方面以油浸纸材料电气参数作为评估特征量，提高特征量自身的可靠性，减少其他因素的干扰，区分老化和受潮状态。另一方面采用反演方法获得变压器局部区域特征值，以获得局部区域的绝缘信息。

各章节具体研究内容安排如下所示。

第1章总结变压器油浸纸老化和受潮评估方法研究的现状。同时指出变压器中的油浸纸处于不均匀电场和不断变化的温度环境中，其老化和受潮状态具有明显的空间分布特征，油浸纸整体绝缘状态评估可能会掩盖其局部老化状态，以及准确评估变压器内局部区域油浸纸的老化和受潮状态所需要解决的问题。

第2章对油浸纸电阻率与其聚合度之间的关系进行分析，为第3章将油浸纸电阻率作为其老化特征量奠定了基础。选用绝缘电阻作为第4~6章中反演模型的端口输入量，并阐明其原因；提出绝缘电阻的推演方法，提高本书所述油浸纸电气参数反演检测方法的工程适用性。

第3章搭建热老化试验平台进行油浸纸样品试验，通过加速热老化和自然吸湿操作制作不同聚合度、含水量的油浸纸样品，并探究老化、水分、温度和变压器油对油浸纸时频域介电响应的影响；在总结老化与水分对油浸纸样电阻率 ρ 和低频相对介电常数 $\varepsilon'(10^{-4}\ \text{Hz})$ 影响规律的基础上，以 ρ 与 $\varepsilon'(10^{-4}\ \text{Hz})$ 作为老化和受潮特征量，结合支持向量机建立起油浸纸聚合度-含水量状态辨识模型对油浸纸样老化与受潮状态进行区分和评估。

第4章为获得变压器内部不同区域油浸纸的 ρ 和 $\varepsilon'(10^{-4}\ \text{Hz})$，引入迭代反演思想，借助变压器油纸绝缘二维轴对称模型的电场仿真，建立变压器端口绝缘电阻 R、低频介质损耗因数 $\tan\delta(10^{-4}\ \text{Hz})$ 的正演计算模型，再以测量得到的变压器油电气参数和端口绝缘电阻 R、低频介质损耗因数 $\tan\delta(10^{-4}\ \text{Hz})$ 为输入，基于 NDM-Broyden 法提出了变压器内不同区域油浸纸 ρ 和 $\varepsilon'(10^{-4}\,\mathrm{Hz})$ 的分区恰定反演方法。并基于 XY 模型对反演方法进行了验证，同时结合聚合度-含水量状态辨识模型对 XY 模型不同区域油浸纸板的老化和受潮状态进行了评估。

第 5 章为减弱反演输入量噪声对反演结果的影响，提升算法的鲁棒性，引入超定方程组改进变压器油浸纸参数分区恰定反演方法。同时提出了基于 BP 神经网络的反演参数初值确定方法，进一步提升反演算法的计算效率和实际应用能力。

第 6 章在实验室条件下制作可拆卸的变压器样机，建立样机有限元整体模型，基于仿真结果提出相应的模型简化和网格控制方法，利用参数分区超定反演方法对样机内不同区域的油浸纸电气参数进行反演计算，结合聚合度-含水量状态辨识模型评估其对应区域油浸纸的老化和受潮状态，并与试验结果进行比较。以 10 kV 配电变压器为研究对象，对该变压器不同区域油浸纸的老化和受潮状态进行评估。

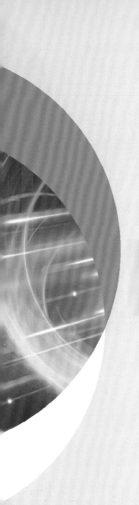

第 2 章

油浸纸老化的电阻率变化与绝缘电阻推演

　　油浸纸老化状态的改变会引起其电阻率等材料参数的变化，本章首先对油浸纸电阻率与其聚合度之间的关系进行分析，为第 3 章将油浸纸电阻率作为其老化特征量奠定了基础。绝缘电阻是与油浸纸电阻率相关度最高的端口参数，是第 4~6 章中反演模型的输入量。但在变压器绝缘电阻测量过程中，由于吸收电流衰减缓慢，施加直流电压后需较长时间后极化电流才能达到稳定，为了节省绝缘电阻测量时间，本章提出绝缘电阻的推演方法，提高本书提出的油浸纸电气参数反演检测方法的工程适用性。

2.1 介电响应特性随油浸纸老化状态的变化规律

在非理想电介质中，时变电压作用下内部存在传导电流和位移电流，其中传导电流密度 E/ρ 也称泄漏电流密度，与材料电阻率及电场强度相关，位移电流 $\varepsilon\partial E/\partial t$ 与介电常数及电场的变化率相关。

如图 2.1 所示的油纸复合绝缘结构中，在阶跃电压作用下，电压加载之初电场变化率很大，位移电流远远大于传导电流，电场分布主要受介电常数的影响。油浸纸相对介电常数约为变压器油的 2 倍，故油中电场强度高于油浸纸中的电场强度。持续一段时间后，电压处于恒定，传导电流远远大于位移电流，电场分布主要受电阻率影响。油浸纸电阻率较变压器油高出 1～2 个数量级[161]，如图 2.2 所示，故油浸纸中电场强度高于油中的电场强度。

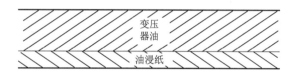

图 2.1 典型变压器油纸复合绝缘结构

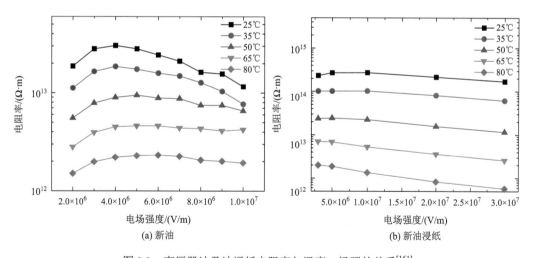

图 2.2 变压器油及油浸纸电阻率与温度、场强的关系[161]

在温度与含水量不变的情况下，油浸纸介电常数、电阻率会随着油浸纸老化状态发生变化，其介电响应随之发生变化。试验结果显示，随着老化程度的不断加深，极化电流的末段逐渐上升[162-163]。

在对数坐标下，油纸绝缘极化电流随油浸纸老化状态变化示意图如图 2.3 所示。在极化电流曲线末段，电流主要是绝缘电阻引起的泄漏电流。该段曲线随老化程度的加深向上移动，说明整体绝缘电阻随着油浸纸的老化逐渐下降。根据前面的分析，绝缘电阻主要反映油浸纸电阻率的变化，因此曲线末段随老化程度逐渐上移间接地说明了随着油浸纸的老化，其电阻率逐渐下降。

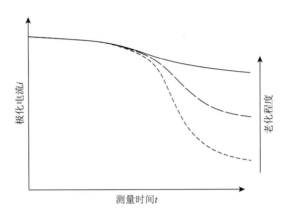

图 2.3　油浸纸绝缘极化电流随油浸纸老化程度变化示意图

频域介电谱法的试验结果显示，随油浸纸老化程度的加深，低频下的介质损耗因数 $\tan\delta$ 逐渐上升[164-165]，变化示意图如图 2.4 所示。

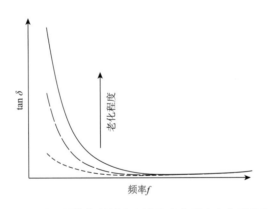

图 2.4　油浸纸绝缘频域介电谱随老化程度变化示意图

$\tan\delta$ 的升高说明介质损耗中有功损耗增加。在低频下，介质的极化损耗较小，主要的有功损耗为电导损耗。因此低频段曲线的上移同样说明了随着老化程度的增加，油浸纸电阻率下降，导致电导损耗升高。

油浸纸时域和频域介电响应的试验规律均反映出随着油浸纸老化程度的加深，油浸纸电阻率逐渐下降的规律。从另一个角度来看，介电响应法对油浸纸绝缘状态的评估，很大程度上也正是基于油浸纸电阻率的变化。鉴于介电响应方法目前已经在变压器油浸纸的绝缘状态评估中得到了一定应用，若能直接获取油浸纸的电阻率，则可以更直观地反映出其绝缘状态的变化。

2.2　油浸纸电阻率与聚合度的关系

为了研究油浸纸老化状态与其电阻率之间的关系，长沙理工大学的韩慧慧等[166-167]分别采用 25 号油和 45 号油浸渍的绝缘纸进行了热老化试验,并测量了不同老化温度下，不同老化阶段油浸纸体电阻率的变化情况，如图 2.5 所示。

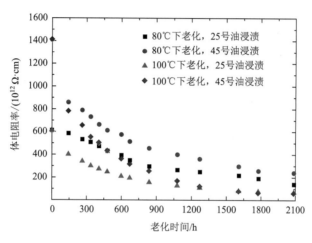

图 2.5　文献[166]中油浸纸体电阻率随老化时间的变化情况

从上述试验结果可以看出，随着油浸纸老化程度的加剧，体电阻率呈现单调下降的趋势，与前面对极化/去极化电流法和频域介电谱法试验结果的分析结论一致。在相同老化时间内，不同老化温度下油浸纸的老化程度并不相同，文献[166]中一同给出的相同油浸纸试品在不同老化温度下的聚合度变化情况也说明了这一点，如图 2.6 所示。

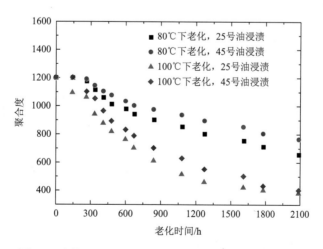

图 2.6　文献[166]中油浸纸聚合度随老化时间的变化情况

为了定量分析油浸纸电阻率随其老化程度的变化情况，以聚合度为基准，基于图 2.5 和图 2.6 中的试验结果，建立油浸纸聚合度和其电阻率之间的对应关系，如图 2.7 所示。从图 2.7 可以看出，采用不同型号的变压器油浸渍，油浸纸电阻率和聚合度之间的对应关系有一定的差异。而不同老化温度下，油浸纸电阻率与聚合度的对应关系则差异较小。基于这一现象，仅考虑变压器油的影响，对图 2.7 的数据进行拟合，拟合结果如图 2.8 所示，拟合公式采用乘幂函数：$DP = A\rho^k$，参数拟合结果如表 2.1 所示。

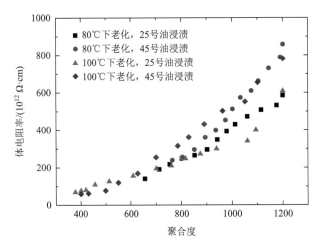

图 2.7　油浸纸聚合度与体电阻率的对应关系

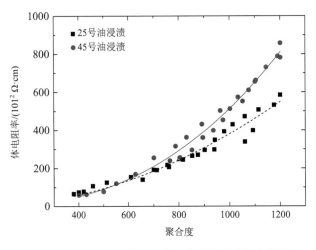

图 2.8　油浸纸聚合度与体电阻率对应关系拟合结果

表 2.1　参数拟合结果

类型	A	k	R^2（拟合优度）
25 号油浸渍	3.434×10^{-4}	2.014 9	0.957
45 号油浸渍	$1.433\ 95 \times 10^{-5}$	2.517 66	0.986

聚合度是目前表征油浸纸老化程度最可靠的特征量。从拟合结果来看，不同型号变压器油浸渍的油浸纸与其聚合度之间均存在较好的乘幂关系。这再次证明了油浸纸的电阻率与其绝缘状态之间存在密切关系。

2.3　油-纸复合绝缘结构的极化过程及其等效电路

在变压器绝缘电阻测量过程中的吸收电流，主要由介质的极化作用产生。介质的极化形式主要包括电子式极化、离子式极化、偶极子式极化及夹层极化。

电子式极化：对于电介质的原子而言，在外电场作用下，电子的轨道会发生位移，使原子中电子云负电荷中心与原子核正电荷中心产生偏离，形成电矩，这个过程称为电子式极化。

离子式极化：在离子式结构的电介质中，在外电场作用下，除各个离子内部产生电子式极化外，还将产生正、负离子的相对位移，使正、负离子按照电场的方向进行有序排列，这种极化称为离子式极化。

偶极子式极化：在极性分子结构的电介质中，在外加电场作用下，偶极子受到电场力的作用而转向电场的方向，这种极化称为偶极子极化，又称为转向极化。

夹层极化：在复合绝缘介质内部，由于电阻率和介电常数等材料参数的差异，施加电压后各材料中的电场分布会从加压瞬间的按照介电常数反比分布逐渐过渡到稳态时的按电导率反比分布。在此过程中自由电荷（正离子、负离子、电子等）会在不同介质的界面上积累。这种极化过程称为夹层极化、空间电荷极化或界面极化。它是复合电介质在电场作用下的一种主要的极化形式。

从极化建立的时间来看，前三种极化方式的建立时间较短，均在 10^{-2} s 以内，在绝缘电阻测量过程中可以忽略不计。而夹层极化的时间相对较长，对于变压器而言甚至可达数十分钟甚至数个小时，因而测量过程中吸收电流的主要是由夹层极化产生的。

为了研究油-纸复合绝缘结构的吸收电流变化规律，选择如图 2.9 所示的双层介质平板电极模型为研究对象，模拟典型油-纸复合绝缘结构。其中平板为半径 0.1 m 的圆盘；上层介质厚度为 3 mm，模拟油浸纸；下层介质厚度为 5 mm，模拟变压器油。分别参考油浸纸和变压器油的材料参数，设置各层介质参数如下：

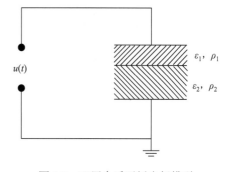

图 2.9　双层介质平板电极模型

$$\varepsilon_1 = 4.5, \quad \rho_1 = 1 \times 10^{14}\ \Omega \cdot m, \quad d_1 = 3\ mm$$

$$\varepsilon_2 = 2.2, \quad \rho_2 = 1 \times 10^{12}\ \Omega \cdot m, \quad d_2 = 5\ mm$$

模型中介质交界面即为等位面，因此可分别将上下两层介质看作电容和电阻的并联单元，提出如图 2.10 所示的等效电路模型。在图 2.10 中，C_1、C_2、R_1、R_2 分别为两层介质的等效电容和等效电阻。其对应的复频域等效电路模型如图 2.11 所示。

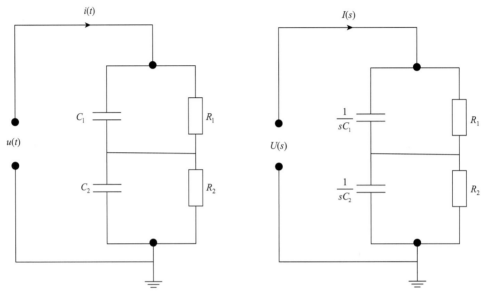

图 2.10　等效电路模型　　　　　图 2.11　复频域等效电路模型

根据图 2.11，在阶跃电压 $U(s)=\dfrac{u}{s}$ 的作用下，回路总电流的复频域表达式为

$$I(s)=\frac{\dfrac{u}{s}}{\dfrac{R_1}{sC_1R_1+1}+\dfrac{R_2}{sC_2R_2+1}}=\frac{u(sC_1R_1+1)(sC_2R_2+1)}{s\big(sR_1R_2(C_1+C_2)+R_1+R_2\big)} \tag{2.1}$$

将式（2.1）通过拉普拉斯逆变换转化到时域下，得到回路总电流的时域表达式为

$$i(t)=\left(\frac{R_1C_1^2+R_2C_2^2}{R_1R_2(C_1+C_2)^2}-\frac{1}{R_1+R_2}\right)ue^{-\frac{t}{\tau}}+\frac{u}{R_1+R_2}+\frac{C_1C_2u}{C_1+C_2}\delta(t) \tag{2.2}$$

式中：$\tau=\dfrac{R_1R_2(C_1+C_2)}{R_1+R_2}$，为时间常数。

根据模型的几何尺寸，计算出各电容、电阻参数的具体值如下：

$$C_1=4.172\,3\times10^{-10}\ \text{F}, \quad R_1=9.549\,3\times10^{12}\ \Omega$$

$$C_2=1.223\,9\times10^{-10}\ \text{F}, \quad R_2=1.591\,5\times10^{11}\ \Omega$$

结合式（2.2），在 5000 V 阶跃电压下介质总电流随时间的变化情况如图 2.12 所示。图 2.12 中还给出了相同条件下有限元瞬态场仿真结果，二者最大误差不到 0.1%。

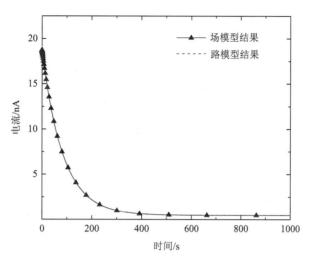

图 2.12　电流随时间变化曲线

从介质分界面上电荷量变化的角度进行分析：图 2.10 中流过电容的电流是极板上电荷量变化产生的，即在时变情况下，并没有电荷通过电容从一个极板达到另一个极板。对于电荷的运动，电容相当于开路。因此，介质分界面上的电荷来源也就只能是电阻回路。

而从电场的角度来看，根据电荷守恒定律：穿过某一封闭曲面的总的传导电流密度的变化等于电荷密度的变化率，如式（2.3）所示。

$$\nabla \cdot \boldsymbol{J} = -\frac{\partial \rho}{\partial t} \tag{2.3}$$

式中：$\boldsymbol{J}$ 为传导电流密度。

传导电流对应到路模型中即为上下两电阻中的电流，上述关系对应到路模型上为

$$i_{R_1} - i_{R_2} = \frac{\partial Q}{\partial t} \tag{2.4}$$

式中：i_{R_1} 为由 R_1 流入介质分界面的电流；i_{R_2} 为由 R_2 流出介质分界面的电流。因此，介质分界面上的电荷量变化率为

$$i_{R_1} - i_{R_2} = \frac{\partial Q}{\partial t} = u \left(\frac{R_2 C_2 - R_1 C_1}{(C_1 + C_2) R_1 R_2} \right) e^{-\frac{t}{\tau}} \tag{2.5}$$

通过式（2.5）可对路模型中介质分界面处的电荷量变化率进行计算。而对于场模型，由式（2.3）可知，对封闭曲面内传导电流密度的积分即为该封闭曲面内的电荷量变化率。因此，在介质分界面上设置一个半径为 0.1 m 的圆柱封闭区域，如图 2.13 所示。由于电荷只积

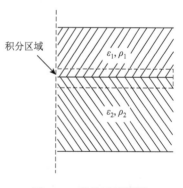

图 2.13　积分区域设置

聚在介质分界面上,所以对穿过该封闭区域表面的电流密度进行积分即可得到分界面上电荷量的变化率的变化情况。

场模型和路模型计算得到的分界面电荷量变化率随时间的变化情况如图 2.14 所示,界面上的电荷量变化率随着时间逐步衰减直至为 0,说明在电压变化之后的一段时间内,界面上存在电荷的积聚过程。二者计算结果基本吻合,最大误差不超过 1%。

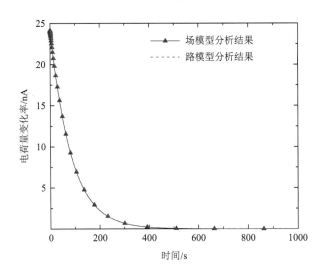

图 2.14 介质分界面电荷量变化率随时间的变化情况

根据之前的分析结果,无论是电流的变化,还是介质分界面上电荷的变化情况,场模型和路模型得到的结果都是吻合的。这说明图 2.10 的等效电路模型是完全可以反映复合绝缘介质的夹层极化过程的。

结合初始条件:$t = 0_+$ 时的介质分界面总电荷量为 0,可得等效电路模型中介质分界面电荷量随时间的变化情况如下:

$$Q(t_0) = \int_0^{t_0} (i_{R_1} - i_{R_2}) \mathrm{d}t \qquad (2.6)$$

在式(2.6)中代入 i_{R_1} 和 i_{R_2} 的解析表达式,可得

$$
\begin{aligned}
Q(t_0) &= \int_0^{t_0} u \left(\frac{R_2 C_2 - R_1 C_1}{(C_1 + C_2) R_1 R_2} \right) \mathrm{e}^{-\frac{t}{\tau}} \mathrm{d}t \\
&= u \left(\frac{R_1 C_1 - R_2 C_2}{(C_1 + C_2) R_1 R_2} \right) \frac{R_1 R_2 (C_1 + C_2)}{R_1 + R_2} \mathrm{e}^{-\frac{t_0}{\tau}} - u \left(\frac{R_1 C_1 - R_2 C_2}{(C_1 + C_2) R_1 R_2} \right) \frac{R_1 R_2 (C_1 + C_2)}{R_1 + R_2}
\end{aligned} \qquad (2.7)
$$

通过式(2.7)即可计算出等效电路模型在介质分界面上电荷量随时间的变化情况,如图 2.15 所示。

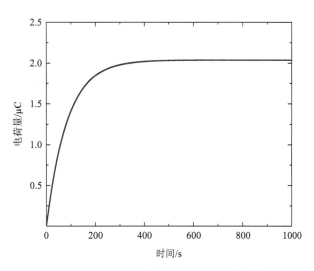

图 2.15　介质分界面电荷量变化率随时间的变化情况

从图 2.15 介质分界面电荷量随时间的变化情况可以看出，阶跃电压下，介质分界面上的电荷量随着时间逐渐增加，直至稳定。从这一点可以看出，复合介质的夹层极化过程实质上也是上下两层介质对应的电容充电的过程。

2.4　绝缘电阻的置信度分析

2.4.1　介质分压比随测量时间的变化情况

仍以图 2.9 的典型油–纸复合绝缘结构为对象，研究在绝缘电阻测量时，即在阶跃电压下，各材料承担的电压情况。根据图 2.11，阶跃电压下，上下两层介质所承担电压的频域表达式如下：

$$U_1(s) = \frac{\dfrac{u}{s}}{\dfrac{R_1}{sC_1R_1+1}+\dfrac{R_2}{sC_2R_2+1}} \cdot \frac{R_1}{sC_1R_1+1} \qquad (2.8)$$

$$U_2(s) = \frac{\dfrac{u}{s}}{\dfrac{R_1}{sC_1R_1+1}+\dfrac{R_2}{sC_2R_2+1}} \cdot \frac{R_2}{sC_2R_2+1} \qquad (2.9)$$

对应的时域表达式分别为

$$u_1(t) = \frac{uR_1}{R_1+R_2} - \frac{u(C_1R_1-C_2R_2)}{(R_1+R_2)(C_1+C_2)}\mathrm{e}^{-\frac{t}{\tau}} \qquad (2.10)$$

$$u_2(t) = \frac{uR_2}{R_1 + R_2} - \frac{u(C_2R_2 - C_1R_1)}{(R_1 + R_2)(C_1 + C_2)} e^{-\frac{t}{\tau}} \qquad (2.11)$$

定义上下两层介质的电压之比 u_1/u_2 为分压比，根据式（2.10）和式（2.11），双层平板电极模型的分压比随加压时间的变化情况如图 2.16 所示。

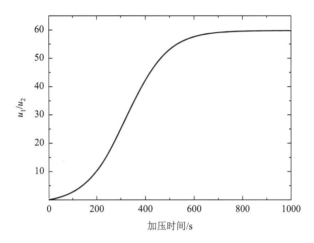

图 2.16　双层平板电极模型的分压比随加压时间的变化情况

从图 2.16 中可以看出，随着加压时间的增加，分压比 u_1/u_2 逐渐增大，直至接近二者电阻之比。这说明随着加压时间的增加，表征油浸纸的上层介质的分压逐渐增大，因而测量时间越久，得到的结果越能体现油浸纸电阻率的变化。

为了更直观分析，将图 2.16 中横坐标改为时间常数 τ 的倍数。同时补充计算不同厚度比的情况下，u_1/u_2 的变化情况。结果如图 2.17 所示。

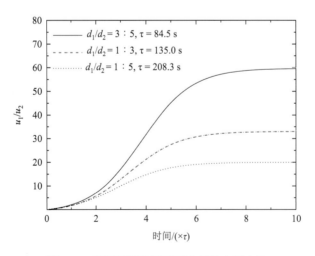

图 2.17　不同厚度比情况下介质的电压之比

从图 2.17 可以看出，对于图 2.9 中的平板电极模型，油浸纸与变压器油的厚度之比越小，时间常数越大。但分压比基本上都在 4τ 左右达到最大值的 1/2，在 10τ 左右达到最大。

对于实际变压器而言，油浸纸和变压器油的厚度比例较大。在进行变压器的绝缘电阻测量过程中，极化电流衰减时间长达数十分钟甚至数小时，时间常数远大于上述算例。工程实际中为了节约测量时间，往往采用 15 s、60 s、10 min 等较短时刻对应的测量值（R_{15}、R_{60}、$R_{10\,min}$）代替绝缘电阻来反映变压器的绝缘状态。这些测量值可以在一定程度上反映油浸纸的状态，且具有测量效率高的优势，但其对应的纸和油的分压比尚处于绝缘曲线首端的上升阶段，若对时间把握不准，则可能增大测量结果的误差。另外，相比实际意义上的绝缘电阻，该类结果受变压器油参数的影响相对较大，对油浸纸电阻率水平的反映不如曲线稳定时对应的绝缘电阻的灵敏性高。从这一角度来看，采用实际的绝缘电阻作为反演输入量更能保证反演结果的准确性。

2.4.2　残余电荷对极化电流的影响

在实际测量过程中，放电不彻底、油流带电等可能会造成油-纸分界面存在残余电荷。为了分析分界面残余电荷对极化电流的影响，仍以图 2.10 的等效电路模型为对象展开分析。

当介质分界面上存在电荷时，电容 C_1 和 C_2 的两端的初始电压均不为 0。设电压阶跃前，由于介质分界面上存在电荷，两电容上的初始电压分别为 $u_{C_1}(0_-)$ 和 $u_{C_2}(0_-)$，此时考虑界面电荷的复频域等效电路如图 2.18 所示。两电容的初始电压满足如下关系：

$$\begin{cases} u_{C_1}(0_-) + u_{C_2}(0_-) = 0 \\ C_1 u_{C_1}(0_-) - C_2 u_{C_2}(0_-) = Q \end{cases} \tag{2.12}$$

因此有

$$u_{C_1}(0_-) = -u_{C_2}(0_+) = \frac{Q}{C_1 + C_2} \tag{2.13}$$

将式 2.13 代入图 2.18 所示的电路求解，可知回路总电流的复频域表达式为

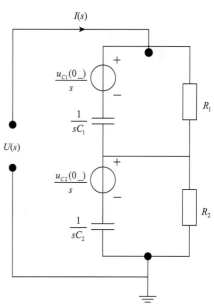

图 2.18　考虑界面电荷的复频域等效电路

$$I(s) = \frac{u(sC_1R_1+1)(sC_2R_2+1)}{s\left(sR_1R_2(C_1+C_2)+R_1+R_2\right)} - \frac{u_{C_1}(0_-)(R_1C_1-R_2C_2)}{sR_1R_2(C_1+C_2)+R_1+R_2}$$
$$= \frac{u(sC_1R_1+1)(sC_2R_2+1)}{s\left(sR_1R_2(C_1+C_2)+R_1+R_2\right)} - \frac{Q(R_1C_1-R_2C_2)}{sR_1R_2(C_1+C_2)^2+(R_1+R_2)(C_1+C_2)} \quad (2.14)$$

将式（2.14）转化到时域下

$$i(t) = \left(\frac{R_1C_1^2+R_2C_2^2}{R_1R_2(C_1+C_2)^2} - \frac{1}{R_1+R_2}\right)u\mathrm{e}^{-\frac{t}{\tau}} + \frac{u}{R_1+R_2} + \frac{C_1C_2u}{C_1+C_2}\delta(t) - \frac{u_{C_1}(0_-)(C_1R_1-C_2R_2)}{R_1R_2(C_1+C_2)}\mathrm{e}^{-\frac{t}{\tau}}$$
$$= \left(\frac{R_1C_1^2+R_2C_2^2}{R_1R_2(C_1+C_2)^2} - \frac{1}{R_1+R_2}\right)u\mathrm{e}^{-\frac{t}{\tau}} + \frac{u}{R_1+R_2} + \frac{C_1C_2u}{C_1+C_2}\delta(t) - \frac{Q(C_1R_1-C_2R_2)}{R_1R_2(C_1+C_2)^2}\mathrm{e}^{-\frac{t}{\tau}}$$

$$(2.15)$$

对比式（2.2）和式（2.15）可以看出，当介质分界面处有残余电荷存在时，会导致介质两端存在残余电压，从而使极化电流多了一个随时间衰减至 0 的分量：

$$i_Q(t) = \frac{Q(C_1R_1-C_2R_2)}{R_1R_2(C_1+C_2)^2}\mathrm{e}^{-\frac{t}{\tau}} \quad (2.16)$$

残余电荷引起的衰减分量与不存在残余电荷时总电流衰减的时间常数相同。根据式（2.16）分别计算出不同残余电压下，极化电流随时间的变化情况，如图 2.19 所示。

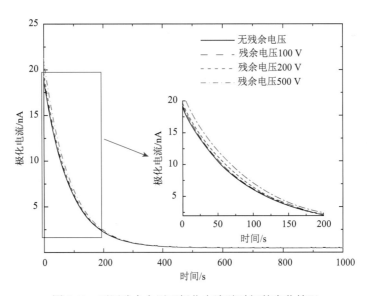

图 2.19　不同残余电压下极化电流随时间的变化情况

以不存在残余电压时的情况为基准，图 2.20 给出了不同残余电压造成的极化电流相对误差随时间的变化情况。

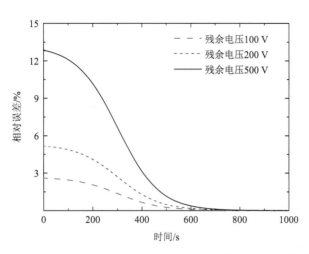

图 2.20　不同残余电压造成的极化电流相对误差随时间的变化情况

从图 2.20 的结果可以看出：

（1）在电压阶跃初期，介质分界面残余电荷对极化电流的影响较大，随着时间的推移，影响越来越小。

（2）极化电流中残余电荷引起的电流分量与总电流衰减的时间常数相同，衰减时间相当。

根据图 2.20，在实际绝缘电阻测量过程中，若放电不彻底，油-纸分界面存在残余电荷，会导致 R_{15}、R_{60}、$R_{10\,\text{min}}$ 等短时间下的测量结果存在一定的误差。测量时间越短，误差越大。同时，残余电荷越多，误差也越大。而根据式（2.15），电流达到稳定时对应的实际绝缘电阻则不受残余电荷的影响。因此，从介质分界面残余电荷的角度，以实际绝缘电阻作为反演输入也能保证反演的准确性。

2.4.3　绝缘电阻作为反演输入量的优势

根据前面的分析结果，在变压器内部油浸纸电阻率的反演中，采用电流达到稳态时的实际绝缘电阻作为反演输入，具有以下几方面的优势。

（1）相应的纸和油的分压比最大，最能体现变压器内部油浸纸电阻率的水平。

（2）对应的测量电流处于相对稳定水平，随时间的变化可以忽略不计，因而避免了因测量时间把握不准确而带来的测量误差。

（3）不受介质分界面残余电荷的影响，可以有效地避免放电不彻底而引起的测量误差。

此外，在数值仿真方面，实际绝缘电阻的数值仿真是在恒定电场仿真方式下实现的，每次计算仅需进行一步仿真，且计算精度不受时间步长的影响。

基于上述几方面的原因，选择以变压器的实际绝缘电阻作为变压器内部油浸纸电阻率反演的首选输入量，以从源头上保证反演的准确性。

2.5 变压器绝缘电阻的推演

2.5.1 变压器绝缘电阻的推演思路

在变压器绝缘电阻测量的过程中，吸收电流的存在导致测量结果达到稳定的时间相对较长。尤其是对于绝缘状态良好的变压器，可能需要数小时测量结果才能达到稳定。

图 2.21 给出了三台不同容量的 10 kV 变压器的绝缘电阻实测曲线。其中，I 号变压器和 II 号变压器均为新出厂变压器，III 号变压器为运行一定年限，受潮较为严重的变压器。

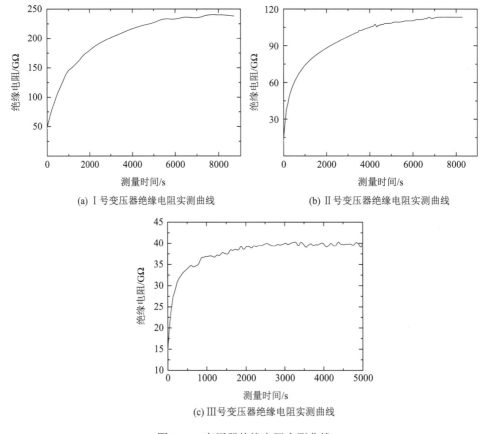

(a) I 号变压器绝缘电阻实测曲线　　　　(b) II 号变压器绝缘电阻实测曲线

(c) III 号变压器绝缘电阻实测曲线

图 2.21　变压器绝缘电阻实测曲线

图 2.21 中的曲线存在轻微波动，这主要是测量过程中周围环境的干扰引起的。对比图 2.21 中三台变压器的绝缘电阻实测曲线：III 号变压器的绝缘电阻曲线在 2000 s 内就已经达到稳定水平；而绝缘状态良好的 I 号和 II 号变压器，其绝缘电阻曲线达到稳定则需要 7000 s 以上。

对绝缘状态良好的变压器，绝缘电阻所需的测量时间较长。针对这一问题，基于变压器绝缘电阻曲线的表达式，采用推演的方式获取绝缘电阻。根据绝缘电阻实测曲线的前段，借助机器学习算法确定绝缘电阻曲线表达式中的各项参数，推演出完整的绝缘电阻测量曲线，以缩短测量时间，提高绝缘电阻的测量效率和现场应用价值。

2.5.2　变压器绝缘电阻曲线表达式的推导

要进行绝缘电阻推演，首先要明确变压器绝缘电阻曲线的数学表达式，而这一公式的推导需要借助变压器的等效电路模型来实现。在对变压器绝缘结构的介电响应特性进行分析时，扩展德拜模型是一种常用的阻容等效电路模型，图 2.22 为变压器扩展德拜模型等值电路。

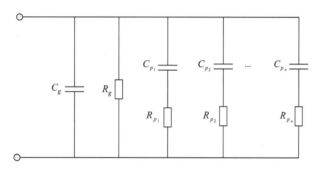

图 2.22　变压器扩展德拜模型等值电路

图 2.22 中 C_g 为几何电容，R_g 为绝缘电阻，C_p 与 R_p 为等效极化电容与等效极化电阻。该模型通过一系列 C_p 与 R_p 串联的支路表征不同弛豫时间的极化过程。

在变压器中，存在大面积的油-纸分界面。由油和纸电导率和介电常数差异而产生的界面极化（夹层极化）是变压器中主要的极化现象之一。而采用简单的 RC 串联电路来描述这一极化过程并不确切。

根据 2.3 节的分析，对于均匀材料和均匀电场下的油纸复合绝缘系统，可用图 2.10 所示的等效电路模型来模拟其夹层极化过程。在实际变压器的绝缘结构中，各处油浸纸的材料参数未必处处相同，电场分布也并非处处均匀。基于离散化的思想，将变压器的绝缘结构近似看作多个材料均匀、电场均匀单元的并联，进而以图 2.23 的等效电路来表征其绝缘结构。当该电路中电容电阻参数确定时，可模拟在考虑夹层极化时，变压器的吸收电流特性。

根据式（2.15）的推导，考虑到介质分界面上存在残余电荷的情况，图 2.23 中的第 i 条支路在绝缘电阻测量时的电流表达式如式（2.17）所示：

$$i_i(t) = \left(\frac{R_{i_1} C_{i_1}^2 + R_{i_2} C_{i_2}^2}{R_{i_1} R_{i_2} (C_{i_1} + C_{i_2})^2} - \frac{1}{R_{i_1} + R_{i_2}} \right) u e^{-\frac{t}{\tau_i}} - \frac{Q_i (C_{i_1} R_{i_1} - C_{i_2} R_{i_2})}{R_{i_1} R_{i_2} (C_{i_1} + C_{i_2})^2} e^{-\frac{t}{\tau_i}} + \frac{u}{R_{i_1} + R_{i_2}} \quad (2.17)$$

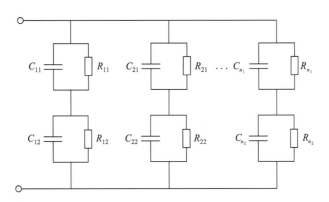

图 2.23　变压器阻容等效电路

式中：$i_i(t)$ 为对应的支路电流；Q_i 为该支路的界面电荷；τ_i 为该支路的时间常数。式（2.17）中忽略了 $t = 0$ 时刻的脉冲电流。

因此，在变压器绝缘电阻测量时，流过端口的总电流为

$$
\begin{aligned}
i_{\text{total}}(t) &= u\sum_{i=1}^{n}\left(\left(\frac{R_{i_1}C_{i_1}^2 + R_{i_2}C_{i_2}^2}{R_{i_1}R_{i_2}(C_{i_1}+C_{i_2})^2} - \frac{1}{R_{i_1}+R_{i_2}} - \frac{Q_i(C_{i_1}R_{i_1}-C_{i_2}R_{i_2})}{R_{i_1}R_{i_2}(C_{i_1}+C_{i_2})^2}\right)\mathrm{e}^{-\frac{t}{\tau_i}} + \frac{1}{R_{i_1}+R_{i_2}}\right) \\
&= u\sum_{i=1}^{n}\left(\left(\frac{R_{i_1}C_{i_1}^2 + R_{i_2}C_{i_2}^2}{R_{i_1}R_{i_2}(C_{i_1}+C_{i_2})^2} - \frac{1}{R_{i_1}+R_{i_2}} - \frac{Q_i(C_{i_1}R_{i_1}-C_{i_2}R_{i_2})}{R_{i_1}R_{i_2}(C_{i_1}+C_{i_2})^2}\right)\mathrm{e}^{-\frac{t}{\tau_i}}\right) + u\sum_{i=1}^{n}\frac{1}{R_{i_1}+R_{i_2}}
\end{aligned}
$$

（2.18）

式中：n 为总支路数。

分别定义参数：

$$
A_i = \frac{R_{i_1}C_{i_1}^2 + R_{i_2}C_{i_2}^2}{R_{i_1}R_{i_2}(C_{i_1}+C_{i_2})^2} - \frac{1}{R_{i_1}+R_{i_2}} - \frac{Q_i(C_{i_1}R_{i_1}-C_{i_2}R_{i_2})}{R_{i_1}R_{i_2}(C_{i_1}+C_{i_2})^2} \tag{2.19}
$$

$$
B = \sum_{i=1}^{n}\frac{1}{R_{i_1}+R_{i_2}} \tag{2.20}
$$

式（2.18）可以简化为

$$
i_{\text{total}}(t) = u\left(\sum_{i=1}^{n}A_i\mathrm{e}^{-\frac{t}{\tau_i}} + B\right) \tag{2.21}
$$

考虑到在测量过程中，即定义的 $t = 0$ 时刻相对电压的阶跃的时刻可能存在一定的延迟。即施加电压之后经历了 t_0 的时间才开始计时并测量电流，将式（2.21）扩充为

$$
i_{\text{total}}(t) = u\left(\sum_{i=1}^{n}A_i\mathrm{e}^{-\frac{t+t_0}{\tau_i}} + B\right) \tag{2.22}
$$

根据式（2.22），变压器绝缘电阻测量曲线的表达式应为如下形式：

$$R(t) = \cfrac{1}{\left(\sum_{i=1}^{n} A_i \mathrm{e}^{-\frac{t+t_0}{\tau_i}} + B \right)} \tag{2.23}$$

2.5.3 基于 SAPSO 算法的绝缘电阻推演

对于一条给定的绝缘电阻测量曲线，由于测量时变压器绝缘状态固定，在支路数不变的情况下，图 2.23 中各支路的电容、电阻参数均为定值。此外，界面残余电荷、延迟时间在测量时也为定值。式（2.23）中，A_i、τ_i、t_0 及 B 等参数均为常数，变量仅为时间 t。据此，只要通过部分绝缘电阻曲线确定 A_i、τ_i、t_0 及 B 等参数，便可以推演出完整的绝缘电阻测量曲线，并获得绝缘电阻。

在参数辨识方面，粒子群优化（particle swarm optimization，PSO）算法是一种基于群集智能的全局寻优算法，具有控制参数少，效率高的优势，适合这类问题的求解。

在维度为 m 的目标搜索空间中，设置一个由 N 个粒子组成的群落，每个粒子都包含着一个 m 维的位置向量和一个 m 维的速度向量。以第 i 个粒子为例，其位置向量为 $\boldsymbol{x}_i = (x_{i_1}, x_{i_2}, \cdots, x_{i_m})$，速度向量为 $\boldsymbol{v}_i = (v_{i_1}, v_{i_2}, \cdots, v_{i_m})$。每个粒子在搜索 m 维的解空间时都会记录下各自搜索到的最优位置 $\boldsymbol{p}_i = (p_{i_1}, p_{i_2}, \cdots, p_{i_m})$，在每一次的迭代搜索中，还会同时记录下群体的最优位置 $\boldsymbol{p}_g = (p_{g_1}, p_{g_2}, \cdots, p_{g_m})$。在各次迭代搜索中，粒子都会根据自身的位置、惯性、最优位置，以及群体的最优位置等参数为参考来调整自己的速度和位置。通过粒子的不断搜索，直至找到满足条件的解空间，这就是粒子群算法的基本原理。各粒子的优劣基于事先定义的适应度函数 $\mathrm{fit}(\boldsymbol{x})$ 进行评价，每一代粒子根据如下的公式调整自己的速度和位置：

$$\begin{cases} \boldsymbol{v}_i' = k[\boldsymbol{v}_i + c_1 r_1 (\boldsymbol{p}_i - \boldsymbol{x}_i) + c_2 r_2 (\boldsymbol{p}_g - \boldsymbol{x}_i)] \\ \boldsymbol{x}_i' = \boldsymbol{x}_i + \boldsymbol{v}_i' \end{cases}, \quad i = 1, 2, \cdots, N \tag{2.24}$$

式中：$\boldsymbol{v}_i'$ 与 $\boldsymbol{x}_i'$ 分别为粒子更新后的速度和位置；r_1、r_2 为 [0, 1] 区间的随机数；c_1、c_2 为学习因子或称加速系数，分别控制粒子向个体最优位置和群体最优位置靠近；k 为收缩因子，如式（2.25）所示，其目的是平衡全局搜索与局部搜索的能力[168]。

$$k = \cfrac{2}{\left| 2 - (c_1 + c_2) - \sqrt{(c_1 + c_2)^2 - 4(c_1 + c_2)} \right|} \tag{2.25}$$

为了保证 $k<1$，通常取 $c_1+c_2>4$。

PSO 算法在解决实际问题时，特别是在处理非线性、多峰值的函数问题时，可能会由于离子群聚集在局部极值附近，搜索过程收敛缓慢，甚至陷入局部最优。所以需要提高粒子群算法的全局搜索性能以保证解的质量。

模拟退火（simulated annealing，SA）算法来源于固体退火原理，它从某一较高的初始温度出发，伴随温度参数的不断下降，结合概率突跳特性，在解空间中随机寻找目标函数的全局最优解，即能够概率性地跳出局部最优解。因此该算法获取全局最优解的能力相对较好。

模拟退火算法在执行过程中按照一定的概率接收新的解，并不强求新解一定要优于旧解，接收的概率随着温度的下降而逐渐减小。因此粒子的多样性好，受初值影响小。但模拟退火算法求得最优解花费的时间过长，尤其是遇到高维度解空间时。

将粒子群算法和模拟退火算法相结合，构成模拟退火粒子群（simulated annealing particle swarm optimization，SAPSO）算法，既可以有效地减少粒子群法搜索过程中陷入局部极值的情况，也可以缩短模拟退火法的搜索时间[169-170]。

模拟退火粒子群算法的实质是在传统粒子群算法中加入模拟退火的策略。采用模拟退火粒子群算法进行绝缘电阻推演的流程如图 2.24 所示，具体实施步骤如下所示。

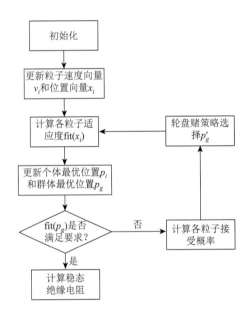

图 2.24　绝缘电阻推演流程图

（1）初始化。

①按照随机的方式初始化粒子的位置和速度。

②计算各个粒子的适应度函数 $\text{fit}(\boldsymbol{x}_i)$。

③将当前粒子位置作为个体最优位置 $\boldsymbol{p}_i$，将此时将所有粒子中最优适应度对应的粒子位置作为群体最优位置 $\boldsymbol{p}_g$。

④设置初始温度 T。

（2）按照式（2.24）更新各个粒子的位置和速度。

（3）计算各粒子适应度，并更新个体最优位置及群体最优位置。

其中，参考最小二乘法定义适应度函数如下：

$$\text{fit}(\boldsymbol{x}) = \sum_{j=1}^{n_p} \left(\frac{R_m(t_j) - R(t_j)}{R_m(t_j)} \right)^2 \tag{2.26}$$

式中：$R_m(t_j)$ 为 t_j 时刻对应的绝缘电阻测量值；$R(t_j)$ 为通过式（2.23）计算得到的 t_j 时刻的绝缘电阻；n_p 为曲线中总的数据点数。

若 $\text{fit}(\boldsymbol{x}_i') < \text{fit}(\boldsymbol{p}_i)$，则用 $\boldsymbol{x}_i'$ 替换 $\boldsymbol{p}_i$，否则保持 $\boldsymbol{p}_i$ 不变。

若 $\min[\text{fit}(\boldsymbol{x}_i),\ i=1,2,\cdots,N] < \text{fit}(\boldsymbol{p}_g)$，则采用 $\min[\text{fit}(\boldsymbol{x}_i),\ i=1,2,\cdots,N]$ 所对应的位置更新 $\boldsymbol{p}_g$。

（4）更新各个粒子的位置和速度。

计算各粒子接受的概率：

$$P(\boldsymbol{x}_i) = \frac{\exp\left[\dfrac{\text{fit}(\boldsymbol{p}_g) - \text{fit}(\boldsymbol{p}_i)}{T}\right]}{\displaystyle\sum_{i=1}^{N} \exp\left[\dfrac{\text{fit}(\boldsymbol{p}_g) - \text{fit}(\boldsymbol{p}_i)}{T}\right]} \tag{2.27}$$

根据轮盘赌选择策略，结合 $P(\boldsymbol{x}_i)$，从个体最优中选择群体最优位置的替代值 $\boldsymbol{p}_g'$，代入式（2.28）进行粒子位置和速度的更新。

$$\begin{cases} \boldsymbol{v}_i' = k[\boldsymbol{v}_i + c_1 r_1(\boldsymbol{p}_i - \boldsymbol{x}_i) + c_2 r_2(\boldsymbol{p}_g' - \boldsymbol{x}_i)] \\ \boldsymbol{x}_i' = \boldsymbol{x}_i + \boldsymbol{v}_i' \end{cases}, \quad i=1,2,\cdots,N \tag{2.28}$$

（5）进行退火操作。

$$T' = \lambda T \tag{2.29}$$

式中：T' 为退火后的温度；λ 为退火因子，取值略小于 1。

重复步骤（3）~步骤（5）直至 $f(\boldsymbol{p}_g)$ 满足要求，此时的 $\boldsymbol{p}_g$ 即为搜索到的最优参数组合。

粒子位置即为由式（2.23）中 A_i、τ_i、t_0 及 B 等参数组成的向量。模型训练时将各时刻对应的绝缘电阻测量数据代入 $\text{fit}(\boldsymbol{x})$，通过不断搜索空间中使适应度函数最小的参数组合，以获取与测量结果最符合的一组 A_i、τ_i、t_0 及 B 的取值。在此基础上即可推演得到绝缘电阻。

在模拟退火算法中，初始温度和退火速度的大小对算法的全局搜索能力有较大的影响，初始温度足够高，降温过程足够慢，可以提升全局搜索能力。将初始温度设置为 500，设置 $\lambda = 0.99$。同时，为了进一步提升全局搜索能力，设置粒子数 $N = 300$，并设置加速因子 $c_1 = 3$，$c_2 = 1.1$，以使各个粒子可以在其个体最优处附近进行充分的搜索。

对于阻容等效模型，支路数越多，自由度越高，理论上与实际模型吻合程度越高。但是过多的支路数一方面会造成所需寻优的参数过多，计算量增加；另一方面也造成模型复杂程度增加，可能引起过拟合等问题。因此，对于支路数的选择应结合实际情况综合考虑。

对于图 2.21 中的 I 号、II 号两台变压器，以其绝缘电阻测量曲线的前 3000 s 为输入进行参数寻优。当采用 4 条支路时通过 SAPSO 算法寻优得到的参数如表 2.2 和表 2.3 所示。所采用的绝缘电阻实测曲线，以及推演得到的绝缘电阻实测曲线如图 2.25 所示。

其中，I 号变压器绝缘电阻测量结果为 238 GΩ，根据前 3000 s 测量曲线推演得到的结果为 239.695 GΩ，误差为 0.245%；II 号变压器绝缘电阻测量结果为 113 GΩ，推演结果为 114.806 GΩ，误差为 1.599%。

表 2.2 I 号变压器参数辨识结果（ $B = 4.191 \times 10^{-12}$ ， $t_0 = 39.105$ ）

支路的参数	支路 1	支路 2	支路 3	支路 4
A_i	8.042×10^{-12}	5.799×10^{-12}	1.169×10^{-11}	4.568×10^{-12}
τ_i	6.147	55.221	290.936	1730.667

表 2.3 II 号变压器参数辨识结果（ $B = 8.710 \times 10^{-12}$ ， $t_0 = 51.492$ ）

支路的参数	支路 1	支路 2	支路 3	支路 4
A_i	2.060×10^{-9}	4.731×10^{-11}	1.073×10^{-11}	7.573×10^{-12}
τ_i	14.608	86.834	343.323	1962.263

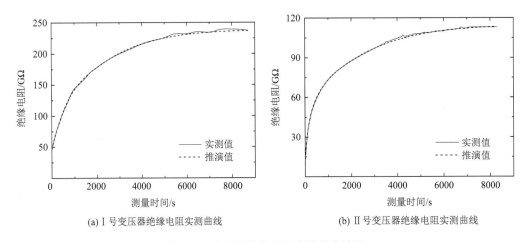

(a) I 号变压器绝缘电阻实测曲线　　　　　(b) II 号变压器绝缘电阻实测曲线

图 2.25 变压器绝缘电阻曲线推演结果

对于 I 号和 II 号变压器，采用基于 SAPSO 算法的参数寻优方法，推演得到的绝缘电阻与实测值相比误差均小于 2%，从而验证了该算法的可行性。同时，对于所选的变压器，仅用前 3000 s 的绝缘电阻测量曲线即可推演出需要经过 7000 s 以上测量时间才能测量得到的绝缘电阻。所需的测量时间缩短了 2 倍以上，大大地提高了绝缘电阻的测量效率，有效地提升了其工程应用价值。

2.6　本章小结

　　本章分析了随油浸纸老化状态加深，油浸纸电阻率逐渐下降这一特性，说明选择油浸纸电阻率表征其老化状态的合理性，并选择绝缘电阻作为本书后续章节中电阻率反演模型的输入量。

　　本章进一步分析了变压器绝缘电阻测量过程中的吸收电流的主要成分，结合各类极化过程的建立时间，指出吸收电流主要由夹层极化产生。以双层平板电极模型模拟典型油-纸复合绝缘结构，分别从回路电流和界面电荷的变化情况的角度验证了阻容等效电路模型与相应场仿真模型的一致性，论证了以阻容等效电路模型反映复合绝缘介质夹层极化的可行性。

　　基于典型油-纸复合绝缘结构的阻容等效电路模型，从油-纸分压比、分界面残余电荷的影响等方面，对比了 R_{15}、R_{60}、$R_{10\,min}$ 等短时间下的测量结果与实际绝缘电阻。对比结果表明：变压器的实际绝缘电阻能更充分地反映油浸纸的电阻率水平，受介质分界面残余电荷等因素的影响更小，相应的仿真计算效率也更高。据此，选择以绝缘电阻作为变压器内部油浸纸电阻率反演的首选输入量。

　　绝缘电阻测量时间较长，通过建立变压器阻容等效电路，可以根据绝缘电阻实测曲线的前段推演出完整曲线，以更高效地获取绝缘电阻。为了实现这一目标，基于典型油-纸复合绝缘介质的等效电路模型，本章提出了可以表征变压器绝缘电阻测量过程的阻容等效电路模型，并推导了变压器绝缘电阻测量曲线的表达式。在此基础上本章提出了基于 SAPSO 算法的绝缘电阻推演方法。

第 3 章

油浸纸聚合度−含水量状态辨识模型

为了研究老化和水分对油浸纸时频域介电响应的综合影响，提取可区分老化和受潮状态的特征量，同时弱化温度、变压器油的影响。本章首先对油浸纸样品进行加速热老化试验，然后通过自然吸湿操作制作不同聚合度、含水量的油浸纸样品，探究老化、水分对油浸纸样极化电流和复相对介电常数频谱的综合影响。本章提出以电阻率 ρ 与低频相对介电常数 $\varepsilon'(10^{-4}\ \mathrm{Hz})$ 为老化和受潮特征量，建立油浸纸聚合度−含水量状态辨识模型。

3.1　试验方案设计

为了探究老化和水分对油浸纸时频域介电响应（极化电流、复相对介电常数频谱）的综合影响，在实验室条件下制作不同聚合度和含水量的油浸纸样，测量其时频域介电响应。

3.1.1　试验材料

试验所用绝缘纸为 1 mm 厚普通硫酸盐木浆牛皮绝缘纸板，变压器油选用 Nynas Nytro 10XN 环烷基矿物油。绝缘纸和变压器油的部分物理参数如表 3.1 和表 3.2 所示。

表 3.1　绝缘纸的部分物理参数

性能参数	标准要求	检测结果	参考标准
厚度	1 ± 0.075 mm	1 ± 0.04 mm	QB/T 2688—2005
紧度	$1.00 \sim 1.20$ g/cm³	1.01 g/cm³	QB/T 2688—2005
抗张强度	纵向≥80 MPa 横向≥55 MPa	88.42 MPa 60.18 MPa	QB/T 2688—2005
吸油率	≥15%	21.24%	QB/T 2688—2005
电气强度（油中）	≥40 kV/mm	42.88 kV/mm	QB/T 2688—2005

表 3.2　变压器油的部分物理参数

性能参数	标准要求	检测结果	参考标准
外观	透明无悬浮物	透明无悬浮物	IEC 60296—2020
密度（20℃）	≤0.895 kg/dm³	0.874 kg/dm³	IEC 60296—2020
运动黏度（40℃）	≤8 mm²/s	7.7 mm²/s	ISO 3104—2020
闪点（闭口）	≥140℃	142℃	ISO 2719—2021
倾点	≤−45℃	−63℃	ISO 3016—2019
击穿电压（电极间距为 2.5 mm）	70 kV	>70 kV	IEC 60296—2020

3.1.2　试验平台和设备

1. 油浸纸热老化试验平台

热老化试验平台包括真空干燥箱和油浸纸聚合度测量装置。真空干燥箱如图 3.1（a）

所示，可实现室温～200℃的调温，温度波动为±1℃，并提供真空度为133Pa的真空环境。主要用于油、纸的脱气干燥等预处理、油浸纸加速热老化及为介电响应测量提供稳定测试环境。

聚合度是表征油浸纸寿命最为可靠的参数，采用聚合度表征油浸纸老化程度。油浸纸聚合度的测量参考《新的和老化后的纤维素电气绝缘材料粘均聚合度的测量》（GB/T 29305—2012）。首先用25 mL蒸馏水和25 mL铜乙二胺溶剂制备两瓶50 mL的铜乙二胺溶液，将油浸纸样品剪成碎纸片，经过正己烷反复脱脂后用镊子撕碎，置于其中一瓶铜乙二胺溶液中搅拌直至无可见纤维颗粒，记为样品组。另一瓶无样品铜乙二胺溶液记为空白组。使用乌氏黏度计在（22±1）℃环境下测量两瓶铜乙二胺溶液的流出时间，如图3.1（b）所示，取3次测量结果的平均值作为实测值。利用式（3.1）～式（3.3）计算样品DP。

$$c = \frac{m_D}{0.5} \tag{3.1}$$

$$[v] = K \times DP^{\alpha} \tag{3.2}$$

$$v_s = c[v] \times 10^{k[v]c} = \frac{t_s - t_0}{t_0} \tag{3.3}$$

式中：c 为溶液的浓度，g/dL；m_D 为溶解于铜乙二胺溶液中脱脂后纸样的质量，g；$[v]$ 为本征黏度，DP为纸样聚合度；v_s 为比黏度，t_s 与 t_0 分别为样品组和空白组的流出时间，s；$K = 0.0075$、$\alpha = 1$ 为马克-豪温克特征系数，$k = 0.14$ 为马丁常数。

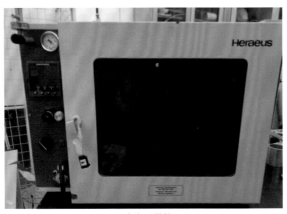 

(a) 真空干燥箱　　　　　　　　　　　(b) 乌氏黏度计

图3.1　油浸纸热老化试验平台

2. 油浸纸受潮试验平台

受潮试验平台包括测量含水量和自然吸湿装置。油浸纸的含水量测试参考标准《油浸纤维质绝缘材料含水量测定法》（DL/T 449—2015）。首先将油浸纸用打孔机剪碎成直径不超过 5 mm 的小圆片，放入 30 mL 无水甲醇溶液中萃取搅拌 2 h，同时准备 30 mL 无水甲醇溶液作为空白组搅拌 2 h。然后用进样器分别从萃取组和空白组各取 20 μL 溶液注射至卡尔·费歇尔水分测定仪中，测量溶液中水分的百万分比浓度，取 3 次测量结果的平均值作为实测值。随后利用式（3.4）进行计算：

$$M_c = \frac{10^6}{10^6 - x_1} \times \left[\frac{x_1 m_0}{m} - \frac{x_0 m_0}{m} \right] \times 10^{-4} \tag{3.4}$$

式中：x_1 为萃取组中的水分百万分比浓度，mg/L；x_0 为空白组中的水分百万分比浓度，mg/L；m 为脱脂后纸样的质量，g；m_0 为空白组中无水甲醇质量，g；M_c 为纸板含水量，%。

测试油含水量时，用注射器取约 2.5 mL 油样，直接注入卡尔·费歇尔水分测定仪中测量油样中水分的百万分比浓度，取 3 次测量结果平均值作为实测值。本试验所使用的卡尔·费歇尔水分测定仪为瑞士万通（Metrohm）公司生产的 C10S，如图 3.2 所示，测量精度为 1 mg/L。

通过自然吸湿操作制作不同含水量的油浸纸样品，即将初始含水量、质量已知的样品放入特定温度湿度环境下自然吸湿，当达到指定质量时立刻停止吸湿。饱和盐溶液能在恒温下（变化小于±1℃）提供较为恒定的湿度值[171]。据此，可以通过制作饱和盐溶液来获得恒定湿度，继而为样品吸湿创造条件。NaCl 饱和盐溶液在 20℃ 下可以提供 75% 左右的环境湿度，密闭容器如图 3.3（a）所示，将 NaCl 饱和盐溶液放入密闭容器中，容器内用镂空塑料板分隔开，上层放置样品，下层放置 NaCl 饱和盐溶液，如图 3.3（b）所示。为了确保纸样吸湿均匀，除了尽量使纸样与水平面的夹角减小，每隔一段时间还需将纸样翻面。吸湿时具体的操作步骤如下：

图 3.2　卡尔·费歇尔水分测定仪

(a) 吸湿容器

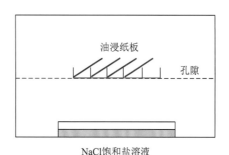

(b) 吸湿容器内部示意图

图 3.3　油浸纸吸湿装置

（1）制作 NaCl 饱和盐溶液，放入密封容器底部。

（2）将初始含水量为 M_{c0} 的油浸纸板表面油渍反复擦拭干净，放在电子天平上称重，当其质量变化小于 0.1%时，记录初始质量为 A_0。

（3）将样品放入有 NaCl 饱和盐溶液密封容器中，在室温下静置，如图 3.3（a）所示，期间定期称重。

（4）当达到指定重量 A 时停止吸湿，此时含水量 M_c 可用式（3.5）计算；

$$M_c = 1 - (A_0(1 - mc_0) / A) \qquad (3.5)$$

为了验证含水量计算结果的准确性，对若干已知初始含水量的油浸纸样在吸湿后进行含水量测量，结果列于表 3.3 中。所有样品吸湿后均在油中浸泡 4 d 再进行测量。

表 3.3 吸湿后油浸纸样含水量计算值和实测值对比

编号	初始含水量/%	吸湿后含水量（计算值/实测值）/%	相对误差(以实测值为基准)/%
1	0.40	1.13/1.39	18.71
2	0.60	1.06/1.22	13.11
3	0.60	1.00/1.24	19.35
4	0.47	1.98/2.17	8.76
5	0.40	2.00/2.06	2.91
6	0.40	3.01/3.10	2.90
7	0.40	3.00/3.12	3.85
8	0.40	4.00/4.00	0

从表 3.3 中可以看到，计算值和实测值的误差随着吸湿水分的增加而减小。推测导致这种现象的原因可能是纤维素为亲水性材料，油浸纸样在处理及在油中浸泡过程中继续从外界吸收水分，导致干燥的油浸纸样含水量在吸湿后明显增加，而含水量较高的样品由于本身的水分较多，吸收的少许水分并不会导致其含水量出现较大变化。为了减小误差，将吸湿后含水量的计算值作为参考，指导纸样的吸湿范围，再以实测值作为油浸纸样的真实含水量。同时注意到 2 号和 3 号、6 号和 7 号纸样为同一批预处理的样品，初始含水量相同，吸湿时长一致，它们吸湿后的含水量近乎相同，这说明同一批样品在经过固定吸湿时长后，所达到的含水量几乎相同。

3. 油、纸时频域介电响应测量平台

油浸纸的时频域介电响应采用三电极系统测量，三电极尺寸如图 3.4（a）所示，高压电极直径为 78 mm，测量电极直径为 50 mm，保护电极外径为 78 mm，内径为 52 mm，其与测量电极的间隙为 1 mm，测量时样品位于高压电极和测量电极之间。电极周围用特氟龙绝缘材料包裹，电极引出线从中穿过，上下特氟龙用螺母固定，以确保样品和电极紧密接触。为了保持每次测量电极与样品间的压力一致，在螺杆上标有刻度，每次将螺母旋至同一刻度处。放置固体样品时，先用游标卡尺测量空电极的高度记为 h_0，然后

将样品放入，然后将用游标卡尺测量带有样品的电极高度记为 h_1，放入玻璃容器中密封。记录样品厚度 $d = h_1 - h_0$。

样品放置好后，将三电极放入装有变压器油的容器中，容器上部橡木塞留有孔隙以便导线出入，如图 3.4（b）所示。测量时，将整个三电极测量系统放入外壳接地的干燥箱中，以屏蔽干扰信号。干燥箱恒温，内放有干燥剂，可以提供 10%以下的干燥环境。

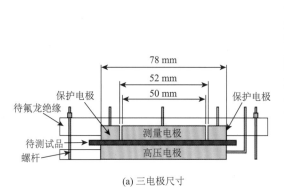

| (a) 三电极尺寸 | (b) 三电极测量系统 |

图 3.4　三电极测量系统

油浸纸的时域介电响应，即极化电流采用美国泰克（Tektronix）公司生产的 Keithley 6514 皮安表测量，电流测量范围为 1 fA～20 mA，Keithly 247 直流高压源提供直流电压，电压范围为 0～3000 V，如图 3.5 所示。测量时，计算机实时记录极化电流数据，采样频率为 10 Hz，充、放电时间均为 10000 s。

| (a) Keithley 6514皮安表 | (b) Keithly 247直流高压源 |

图 3.5　Keithley 6514 皮安表和 Keithly 247 直流高压源

试验前先分析试验电压对极化电流的影响，对一张干燥未老化的油浸纸样分别在 200 V、500 V、1000 V 和 2000 V 下进行极化电流测量，得到试验结果如图 3.6（a）所示。为了更好地比较它们之间的关系，将 200 V、500 V 和 1000 V 下的极化电流分别乘以 10、4、2 后与 2000 V 下的极化电流进行比较，得到结果如图 3.6（b）所示。

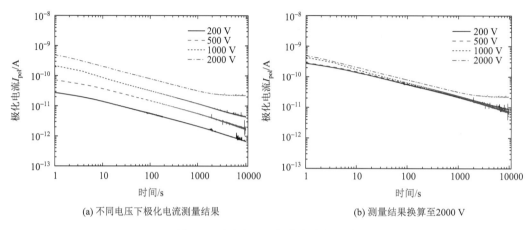

(a) 不同电压下极化电流测量结果   (b) 测量结果换算至 2000 V

图 3.6 试验电压对极化电流的影响

可以发现，在极化电流末端，200 V 和 500 V 的极化电流曲线基本重合，而 1000 V 的极化电流与之相比略微上升，2000 V 的极化电流在上升的同时在 2000～3000 s 内开始趋于稳定。在 PDC 测试期间，通常假设电介质为线性系统，但在高电场下，电荷运动会在更大的范围内发生，电介质会呈现出非线性[172]。这会给极化电流的测量带来误差，因此，为了避免这种现象，本书统一采用 200 V 对油浸纸样进行极化电流测量。

油浸纸样的频域介电响应，即介电频谱或复电容频谱采用 Megger 公司生产的介电频率响应分析仪 IDAX300 进行测量，如图 3.7 所示。频率测量范围为 10^{-4}～1000 Hz，计算机实时记录复电容频谱数据，为与极化电流 200 V 测量电压对应，避免非线性现象，频域测量交流电压幅值为 200 V，有效值为 140 V。复相对介电常数频谱通过复电容频谱按照式（1.9）计算。

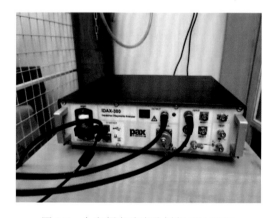

图 3.7 介电频率响应分析仪 IDAX300

油浸纸的时频域介电响应测量装置和接线图如图 3.8 所示，所有测试均在常温 23～24℃下进行。为使样品和测量环境稳定，提前放入干燥剂确保测量环境干燥，所有测量均在接线完成后 30 min 左右开始。

(a) 极化电流测量

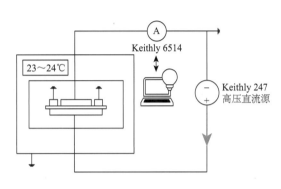

(b) 极化电流测量接线图

(c) 复电容频谱测量

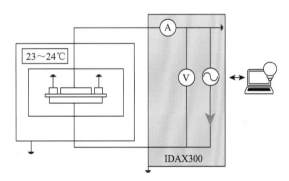

(d) 复电容频谱测量接线图

图 3.8　油浸纸的时频域介电响应测量装置和接线图

测量变压器油的时频域介电响应时，采用 IEC 60247 推荐的三电极油杯作为测量电极，如图 3.9（a）所示，油杯的空杯电容 $C_0 = 58.6$ pF。测量前，用洁净注射器取油样，缓缓注入油杯中，然后放入干燥箱静置 30 min 确保油杯内部气泡散尽，并用特氟龙绝缘材料将油杯底部与箱体隔开，如图 3.9（b）所示。测量时的接线与测量油浸纸时频域介电响应的接线一致。

为了防止直流电压下，电介质充电后残余电荷对后续试验的影响，在测量油、纸时频域介电响应过程中，均先测量复电容频谱，再测量极化电流。为了确保测量结果的可重复性，每个样品在测量前均进行多次测量，直到相近两次测量结果保持一致。

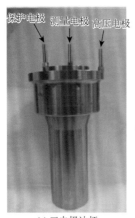

保护电极 测量电极 高压电极

| (a) 三电极油杯 | (b) 油介电响应测量 |

图 3.9 三电极油杯及油介电响应测量

3.1.3 试验步骤

为了探究老化和水分对油浸纸样时频域介电响应的影响，需要制作不同聚合度和含水量的油浸纸样。对于样品聚合度和含水量的选择范围，目前普遍认为，绝缘纸干燥后的初始聚合度为 1000～1200，当聚合度降低至 500 以下时，绝缘纸处于寿命中期，当绝缘纸的聚合度接近 250 时，其机械强度出现突降，说明绝缘纸深度老化[96]，而当聚合度低于 150 时，其机械寿命终止。同时，1.1.3 节提到，含水量不超过 2%时，绝缘纸的介电强度仍然保持着足够的裕度，而当含水量高于 2%时，随着纸板中含水量的增加，起始放电电压明显降低，当水分浓度为 4%～6%时，油浸纸的局部放电起始电压和击穿电压仅为干燥油浸纸的 10%[25, 29, 38-39]。《电力设备预防性试验规程》（DL/T 596—2021）中也对运行中的变压器纸绝缘含水量上限做了规定：500 kV 及以上电压等级的变压器为 1%，330 kV 为 2%，220 kV 为 3%。基于此，将油浸纸聚合度分为 800～1200，500～800，300～500，0～300 四类，含水量分为 0%～1%，1%～2%，2%～3%，>3%四类，共计 16 大类。因此，需要制作 16 组不同聚合度和含水量的油浸纸样。

整体试验步骤分为四大部分：样品预处理、油浸纸样参数测量试验、油浸纸样自然吸湿试验和油浸纸样加速热老化试验。油浸纸样参数测量试验包括其聚合度、含水量和时频域介电响应的测量。具体步骤如下所示。

（1）将 Nytro 10XN 矿物油放入干燥箱，在 90℃、真空下干燥脱气 48 h，如图 3.10（a）所示。

（2）同时，将绝缘纸板剪裁成直径为 90 mm 的若干圆片，横向排列在干燥架上，放入干燥箱，如图 3.10（b）所示。在 105℃、真空下干燥 24 h。

（3）为了使样品充分浸渍，将处理后的绝缘纸放入油中常温下真空浸油 6 d，加入适当铜片，如图 3.10（c）所示。浸油完成后在常压干燥环境下密封静置 48 h。油和纸的质量比约为 15∶1。

（4）油浸纸样品处理完毕后，均处于未老化干燥的初始状态，记为组 1（G_1）。从 G_1 中取 3 张油浸纸样，取 3 张样品测试含水量和聚合度的平均值作为测量值，记为 M_1 和 DP_1。

（5）同时从 G_1 中另取 3 张油浸纸样，在 23～24℃下对这 3 张油浸纸样分别进行极化电流和复电容频谱的测量。

（6）含水量为 M_1 的油浸纸样时频域介电响应测试完后，采用自然吸湿法在 M_1 的基础上制作不同水量的样品，吸湿完毕后均放置在油中密封保存 4 d 再进行时频域介电响应测试。经过上述吸湿操作，共得到四种不同含水量（M_1、M_2、M_3、M_4）的样品。

(a) 油干燥脱气

(b) 绝缘纸板干燥

(c) 浸油过程

图 3.10　样品预处理过程

（7）G_1 的所有样品测量完毕后，将剩余的油纸样品放入干燥箱，以氮气填充，在 140℃下分别老化 7 d、20 d、30 d，每次老化后常温静置 48 h，依照步骤（4）～步骤（6）进行操作获得其他三种不同聚合度 DP_2、DP_3、DP_4 下的样品，分别记为组 2、组 3 和组 4（G_2、G_3 和 G_4）。试验流程图如图 3.11 所示。

在整个测量过程中，为了降低不同样品测量结果间的分散性，同一 DP 不同含水量下的样品始终由同一个样品不断吸湿制作而成，即同一 DP 不同含水量下用于测试时频域介电响应的样品始终是同一个。由于同一批样品在经过固定吸湿时长后，所达到的含水量几乎相同，除了 M_4 是直接测量该样品含水量所得，其他含水量梯度均用与其同一

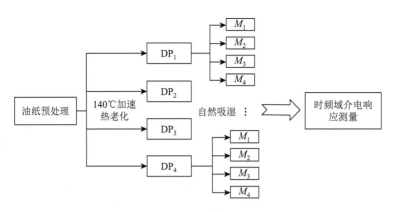

图 3.11 试验流程图

批吸湿的样品的测量结果代替。测量时,其余的样品密封于同一老化批次的油中,并放置在铺满干燥剂的密封容器内。测量结束后,总共制作了 4 组不同 DP 的样品,同一 DP 下制作了 4 组不同含水量的样品,共计 16 组样品。最终油浸纸样和油在老化过程中的理化参数如表 3.4 所示。

表 3.4 最终油浸纸样和油在老化过程中的理化参数

DP	老化时长/d	油浸纸样含水量/%				油中含水量/(mg/L)
		<1	1~2	2~3	>3	
1002	0	0.64	1.40	2.47	3.86	4.5
611	7	0.43	1.17	2.63	4.08	14.0
356	20	0.46	1.19	2.68	4.16	22.5
295	30	0.50	1.20	2.71	4.01	38.1

从表 3.4 可发现,未吸湿油浸纸样的 DP 随老化时长的增加而下降,含水量随老化先下降后略微上升,处于波动状态。而油中的含水量随着老化时长的增加而上升明显。这是因为高温使得油纸发生热老化,构成绝缘纸的纤维素间分子链发生断裂,导致其 DP 下降。油和纸的老化使纤维素中可吸附水分子的羟基减少[173],降低了纤维素的吸湿能力,增加了水分在油中的溶解度,而油和纸的老化均会产生水分[121, 174],这使得纸中的水分先降后升。老化罐内为密闭空间,水分无法外泄,因而在纸、油、罐内氮气之间形成动态平衡,最终导致油中的水分逐渐增多[136, 175]。

3.2 老化对油浸纸样时频域介电响应的影响

油浸纸的老化会产生极性老化副产物,改变其介电响应,基于上述实验平台制作的

16 组不同聚合度和含水量的油浸纸样，下面列举了相似含水量区间内，老化对油浸纸样极化电流曲线和复相对介电常数频谱的影响，油浸纸样老化程度用 DP 表征。

3.2.1　老化对油浸纸样极化电流的影响

经过 140℃加速热老化，相似含水量区间内油浸纸样在常温（23～24℃）下的极化电流曲线随 DP 的变化如图 3.12～图 3.15 所示。可以看出，相似含水量区间内，油浸纸样的极化电流曲线末端随 DP 的下降呈现出上升趋势，这是因为极化电流主要是由介质电导引起的电导电流和界面极化引起的弛豫极化电流（吸收电流）组成的。一方面老化使得油和油浸纸样发生降解，产生极性导电物质如小分子酸、呋喃化合物等，这些极性物质依附在纤维素上，使得油浸纸内部载流子数量增加，电阻率下降，电导电流增大；

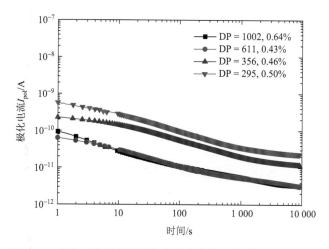

图 3.12　老化对油浸纸样极化电流曲线的影响[含水量 ∈ (0, 1)]

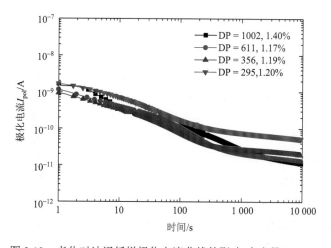

图 3.13　老化对油浸纸样极化电流曲线的影响[含水量 ∈ (1, 2)]

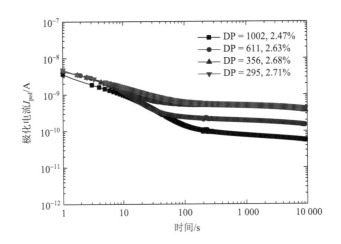

图 3.14　老化对油浸纸样极化电流曲线的影响[含水量 ∈ (2, 3)]

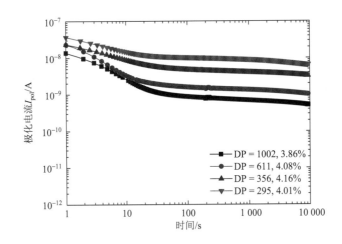

图 3.15　老化对油浸纸样极化电流曲线的影响[含水量 ∈ (3, 5)]

另一方面，老化导致纤维素原本紧密的结构变得疏松，纤维细化加重，表面粗糙，纤维间的孔隙增大[176]，从而使电阻率较低的油进入这些孔隙，提高了极化强度，弛豫极化电流增大[99, 121]。而极化电流曲线的末端主要受纸绝缘的状态影响，因此油浸纸样老化导致其极化电流曲线末端随 DP 的下降而上升。同时注意到随着老化程度的加深，油浸纸样极化电流曲线的拐点逐渐前移，这主要是因为油浸纸样的电阻率下降，提高了油纸间界面极化的响应速度。

对于含水量 ∈ (0, 1) 的油浸纸样，当 DP 从 1002 下降至 611 时，极化电流的曲线变化并不明显，这是因为在老化前期，油纸绝缘产生的老化副产物并不多，同时老化使得油浸纸样的吸湿能力减弱，导致其含水量略微减少，故曲线变化不明显。而 DP<611 的油浸纸样，由于老化产物的增多，极化电流曲线上升幅度增大。随着油浸纸样受潮程度的加深，所有不同老化状态下的极化电流曲线显著上升，同时注意到老化对其极化电流曲

线末端的影响并没有被水分的影响淹没，而是与水分一起对极化电流曲线末端产生综合影响。

3.2.2　老化对油浸纸样复相对介电常数频谱的影响

经过 140℃加速热老化，相似含水量区间内油浸纸样在常温（23～24℃）下的复相对介电常数频谱随 DP 的变化如图 3.16～图 3.19 所示。相似含水量区间内，油浸纸样的复相对介电常数频谱虚部 ε'' 的中低频段（10^{-4}～10^{-1} Hz）均随 DP 的下降呈现出上升趋势，而高频段基本不变。这与电介质在不同频段发生的极化类型有关，在低频段（10^{-4}～10^{-3} Hz），多数极化类型完全能跟上电场的变化，不产生损耗，对于油纸双介质绝缘，主要以界面极化和电导产生的损耗为主，界面极化可长时间存在，因此主要发生在低频段。根据式（1.9）可知，复介电常数频谱的实部 ε' 为电介质的相对介电常数，而虚部 ε'' 则表征的是电介质的损耗，包含极化损耗和电导损耗。老化使得油浸纸样的电阻率下降，界面极化加剧，因此导致虚部 ε'' 低频段曲线上移。

相似含水量区间内，除了处于寿命末期的油浸纸样（DP = 295），其余样品复相对介电常数频谱的实部 ε' 低频段（10^{-4}～10^{-3} Hz）随 DP 的变化并不大。从图 3.16（a）可以看出，对于含水量介于 0%～1%的干燥样品，在老化前中后期，即 DP = 1002、611 和 356，其样品的实部 ε' 低频段随 DP 的下降而波动。随着含水量的增加，如图 3.17（a）和图 3.18（a）所示，在低频段，除了 DP = 295 对应样品的实部 ε' 有所上升，其余样品实部 ε' 仍然随 DP 的下降而波动。出现这种现象的原因是一方面如之前的分析：对于老化后未吸湿样品，老化使其纤维素直径下降，减少了可吸附水分子的羟基，降低了纤维素的吸湿能力而增加了水分在油中的溶解度，导致干燥样品含水量出现波动。而通过自然吸湿制作的样品的含水量并不完全相同，有一定的波动，影响了测量结果。另一方面，部分结晶区转化为无定型区，这导致材料内部空隙增大，致使绝缘油分子大量进入孔

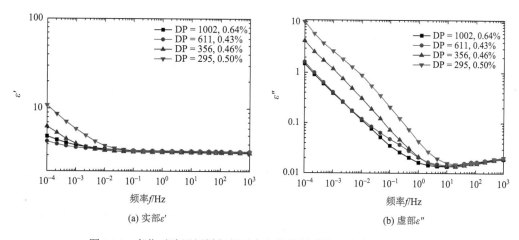

(a) 实部 ε'　　　　　　　　　　　(b) 虚部 ε''

图 3.16　老化对油浸纸样复相对介电常数频谱的影响[含水量 $\in (0, 1)$]

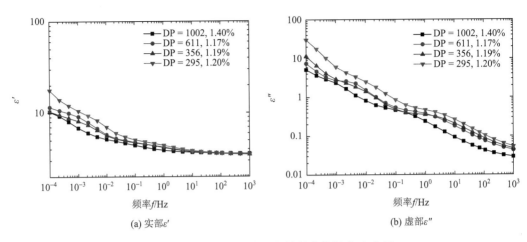

(a) 实部ε'   (b) 虚部ε"

图 3.17   老化对油浸纸样复相对介电常数频谱的影响[含水量 ∈ ∈(1, 2)]

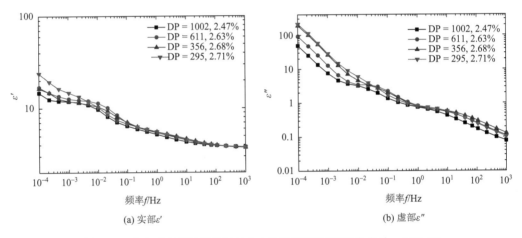

(a) 实部ε'   (b) 虚部ε"

图 3.18   老化对油浸纸样复相对介电常数频谱的影响[含水量 ∈ ∈(2, 3)]

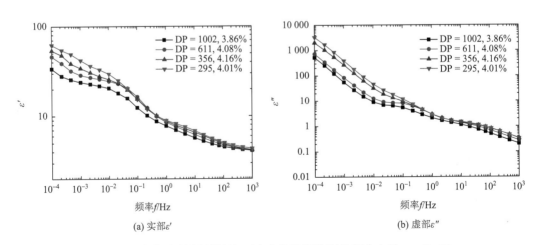

(a) 实部ε'   (b) 虚部ε"

图 3.19   老化对油浸纸样复相对介电常数频谱的影响[含水量 ∈ ∈(3, 5)]

隙中，挤占容纳水分子等极性物质的空间，而绝缘油为非极性材料，其相对介电常数较低[7, 121]。当 DP = 295 时，老化程度较深，产生的老化副产物较多，导致实部 ε' 低频段出现上升的趋势，但上升幅度有限。因此在油纸绝缘系统含水量一定的情况下，油浸纸的老化并不会造成其相对介电常数的大幅上升。当含水量大于 3%时，如图 3.19（a）所示，实部 ε' 随老化程度加深上升规律明显，这主要是由吸湿后含水量不等造成的。

3.3　水分对油浸纸样时频域介电响应的影响

水分作为强极性物质，能够大幅度地改变油浸纸的介电特性，加速油浸纸的老化。下面列举了同一老化批次，即同一 DP 下，水分对油浸纸样极化电流曲线和复相对介电常数频谱的影响。

3.3.1　水分对油浸纸样极化电流曲线的影响

同一老化程度的油浸纸样通过自然吸湿被制作成不同含水量的样品。同一 DP 下，油浸纸样在常温（23～24℃）下的极化电流曲线随含水量增加的变化如图 3.20～图 3.23所示。可以看出，同一 DP 下，油浸纸样的极化电流曲线随含水量的增加呈现出上升趋势，且上升幅度明显地大于极化电流曲线随 DP 下降而上升的幅度。含水量越大，极化电流曲线拐点越靠前，越早趋于稳定，含水量大于 3%的极化电流曲线仅需十几秒即可稳定。这是因为纤维素为亲水电介质，水分作为强极性分子依附在纤维素上使得油浸纸样的电阻率下降，曲线上移，水分提高了界面极化响应的速度，使得弛豫极化电流迅速衰减，最终只剩下电导电流。

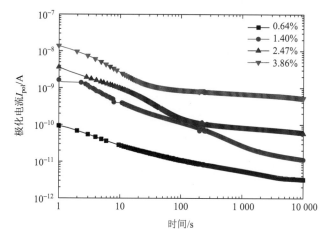

图 3.20　含水量对油浸纸样极化电流曲线的影响（DP = 1002）

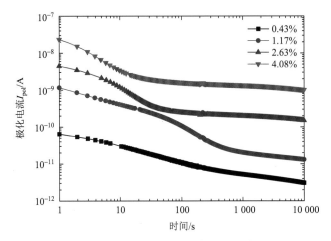

图 3.21　含水量对油浸纸样极化电流曲线的影响（DP = 611）

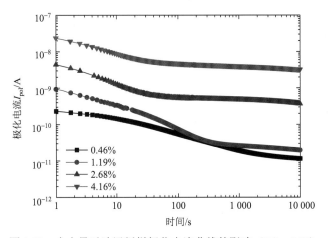

图 3.22　含水量对油浸纸样极化电流曲线的影响（DP = 356）

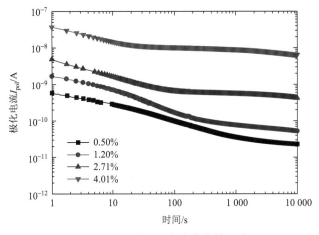

图 3.23　含水量对油浸纸样极化电流曲线的影响（DP = 295）

3.3.2　水分对油浸纸样复相对介电常数频谱的影响

同一 DP 下，油浸纸样在常温（23～24℃）下的复相对介电常数频谱随含水量的变化如图 3.24～图 3.27 所示。可以看出，同一 DP 下，油浸纸样的复相对介电常数频谱的实部 ε' 在 10^{-4}～100 Hz 随含水量的增加而上升，尤其是低频段上升明显，而虚部 ε'' 在整个频段均显著上升。同时实部 ε' 和虚部 ε'' 在低频段与频率近似呈对数线性关系，这称为低频弥散现象[177]。前面已经分析过，低频下多数极化不产生损耗，油浸纸的损耗主要以界面极化损耗和电导损耗为主，电导损耗贯穿整个频段，而界面极化损耗主要集中于低频段。含水量的增加，极大地增加了这两种损耗，使得虚部 ε'' 在整个频段均显著上升。

含水量增加导致实部 ε' 在低频段大幅度上升的原因，一方面是水分为相对介电常数较高的极性物质，含水量增加将导致油浸绝缘纸中单位体积内参与极化的分子数目增

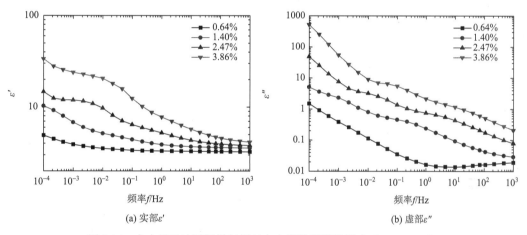

(a) 实部 ε'　　　　　　　　　　　(b) 虚部 ε''

图 3.24　含水量对油浸纸样复相对介电常数频谱的影响（DP = 1002）

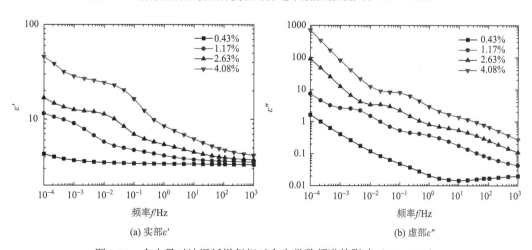

(a) 实部 ε'　　　　　　　　　　　(b) 虚部 ε''

图 3.25　含水量对油浸纸样复相对介电常数频谱的影响（DP = 611）

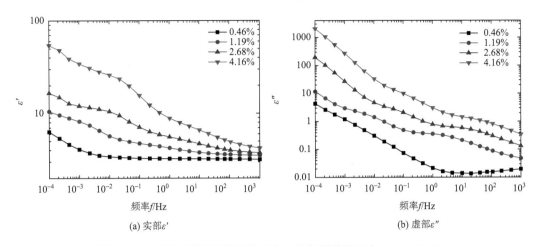

(a) 实部 ε' (b) 虚部 ε''

图 3.26 含水量对油浸纸样复相对介电常数频谱的影响（DP = 356）

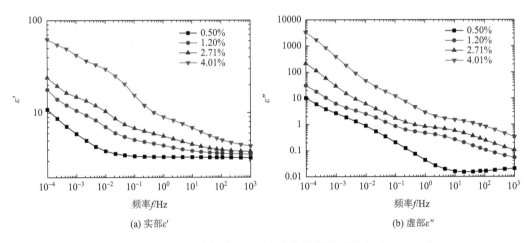

(a) 实部 ε' (b) 虚部 ε''

图 3.27 含水量对油浸纸样复相对介电常数频谱的影响（DP = 295）

多，相对介电常数增加[175]；另一方面随着含水量增加，使其所含杂质离子数目增加，油浸纸束缚电荷数目也增加，导致其相对介电常数增大[178]。

值得注意的是，对于干燥纸样，虚部 ε'' 频谱会出现最小值，而随着含水量的增加，最小值逐渐向高频移动并最终消失，同时注意到油浸纸样的实部 ε' 和虚部 ε'' 在中高频段会出现弛豫峰，但随着老化程度的加深，弛豫峰也会减弱。其他研究者也发现类似的现象[108, 132, 136]。尽管 ε'' 最小值和弛豫峰出现的位置与老化和受潮程度有关，但其适用范围有限，因此并不能作为受潮状态的评估依据。

3.4 温度对油浸纸样时频域介电响应的影响

温度会影响油浸纸的时频域介电响应，但大量研究表明[99, 136, 179-182]，温度对时频域介电响应的影响可以通过基于活化能的主曲线平移方法来消除，即借鉴时温叠加原理，通过测量不同温度下油浸纸的时频域介电响应，采用 Arrhenius 方程拟合出活化能，利用活化能将不同温度下的响应曲线平移至参考温度下，以消除温度对于油浸纸时频域响应的影响。因此，活化能是实现主曲线平移的关键，其值影响平移结果。对于处于某一特定老化和受潮状态下的油浸纸样，其活化能固定，本节主要讨论老化和受潮对活化能的影响是否会影响主曲线平移方法的普适性。测量前利用温度探头测量油温，在油温达到稳定后，继续静置 6 h 再分别测量油浸纸样的 FDS 和极化电流。

3.4.1   温度对不同老化和受潮状态油浸纸样极化电流曲线的影响

在不同温度下，对 3 张不同老化和受潮状态的油浸纸样进行极化电流的测量，结果如图 3.28（a）～（c）所示。可以发现，随着温度的上升，所有样品的极化电流曲线显著上升，曲线拐点前移。这是因为温度的上升加强了各类极化，同时增加了油浸纸样中载流子迁移的速度，使得极化时间缩短，电导率增大。油浸纸样的电阻率和温度满足如下关系[136, 179]：

$$\rho = A e^{\frac{E_a}{kT}} \tag{3.6}$$

式中：ρ 为电阻率，$\Omega \cdot m$，即极化电流末端值对应的电阻率；A 为与材料相关的常数；E_a 为活化能，eV；$k = 1.38 \times 10^{-23}$ J/K 为玻尔兹曼常量；T 为环境温度，K。

由时温叠加原理，不同温度下的极化电流曲线均可平移至参考温度下形成主曲线，不同温度下的极化电流曲线 $I_{pol}(t, T)$ 和参考温度下的主曲线 $I_{pol}(t, T_{ref})$ 满足如下关系[183]：

$$I_{pol}(t, T) = \alpha_{T, T_{ref}} I_{pol}(\tau_{T, T_{ref}} \times t, T_{ref}) \tag{3.7}$$

式中：$\alpha_{T, T_{ref}}$ 为幅值平移因子，是某一温度 T 下，某一时刻 t 下的极化电流值 I 与平移到参考温度 T_{ref} 后所对应的电流值 I_{ref} 的比；$\tau_{T, T_{ref}}$ 为时间平移因子，是某一温度 T 下，某一时刻 t 下的极化电流值平移到参考温度 T_{ref} 后所对应的时刻 t_{ref} 与平移前时刻 t 的比值；T_{ref} 为参考温度，K；T 为实际温度，K。

$\alpha_{T, T_{ref}}$ 和 $\tau_{T, T_{ref}}$ 均满足 Arrhenius 方程，即

$$\ln \tau_{T, T_{ref}} = \ln(t_{ref}) - \ln(t) = -\frac{E_a}{k}\left(\frac{1}{T_{ref}} - \frac{1}{T}\right) \tag{3.8}$$

$$\ln \alpha_{T, T_{ref}} = \ln(I) - \ln(I_{ref}) = -\frac{E_a}{k}\left(\frac{1}{T_{ref}} - \frac{1}{T}\right) \tag{3.9}$$

式中：E_a 为活化能，eV；$k = 1.38 \times 10^{-23}$ J/K 为玻尔兹曼常量；T_{ref} 为参考温度，K；T 为实际温度，K；I 和 I_{ref} 为平移前后电流值，A；t 和 t_{ref} 为平移前后时刻值，s。

从式（3.8）和式（3.9）可以看出，只要获得了活化能 E_a，就可以将任意温度下 $I_{pol}(t, T)$ 平移至参考温度下，以此来消除温度影响。根据图 3.28（a）～（c）的试验结果，通过

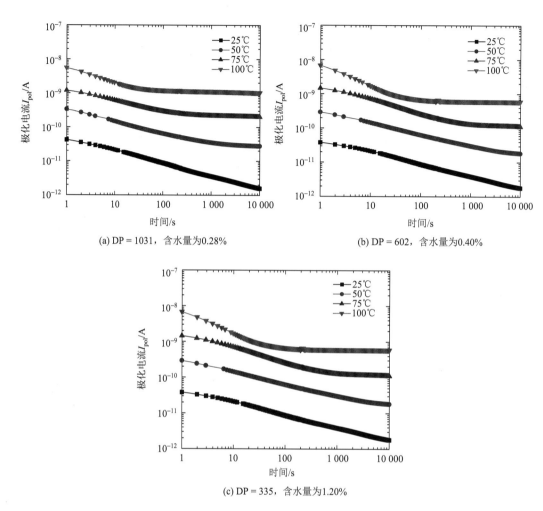

(a) DP = 1031，含水量为0.28% (b) DP = 602，含水量为0.40%

(c) DP = 335，含水量为1.20%

图 3.28　温度对不同老化和受潮状态油浸纸样极化电流的影响

式（3.6）拟合[179, 183]获得三张不同老化和受潮油浸纸样的活化能（表 3.5），可以发现，不同老化和受潮程度的油浸纸样的时域介电响应活化能相似，可以认为老化和受潮对油浸纸样的活化能的影响不明显。这与文献[136]、[179]、[181]的结论一致。采用平均活化能 $E_a = 0.827$ 对图 3.28（a）～（c）的极化电流曲线进行平移，获得主曲线如图 3.29 所示。因此，老化和受潮状态对时域介电响应活化能的影响有限，可以采用活化能将任意温度下的极化电流曲线归算至参考温度下，以此消除温度的影响。

表 3.5　三张油浸纸样时域介电响应的活化能

编号	DP	含水量/%	E_a
1	1031	0.28	0.843
2	602	0.40	0.804
3	335	1.20	0.834

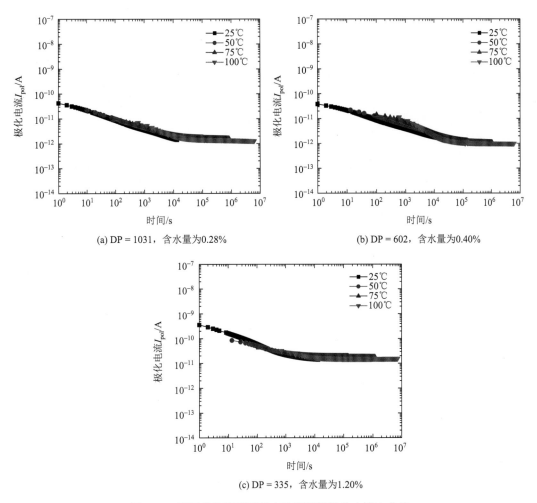

(a) DP = 1031，含水量为0.28%　　　　　(b) DP = 602，含水量为0.40%

(c) DP = 335，含水量为1.20%

图 3.29　不同老化和受潮状态油浸纸样极化电流主曲线

3.4.2　温度对不同老化和受潮状态油浸纸样复相对介电常数频谱的影响

对于频域介电响应，同样会受到温度的影响，图 3.30 展示了不同老化和受潮状态油浸纸样复相对介电常数频谱随温度变化的结果。受温度升高影响，材料内部极化响应加强，极化时间缩短，电导率增大，导致无论是实部还是虚部的中高频段均显著增长。

与极化电流曲线相似，不同温度下的复相对介电常数频谱也可以平移至参考温度下，形成主曲线。不同温度下的复相对介电常数频谱 $\varepsilon^*(\omega, T)$ 和参考温度下的主曲线 $\varepsilon^*(\omega, T_{ref})$ 满足如下关系[180]：

$$\varepsilon^*(\omega, T) = \varepsilon^*(\omega / \beta_{T, T_{ref}}, T_{ref}) \tag{3.10}$$

式中：$\beta_{T, T_{ref}}$ 为频率平移因子，是某一温度 T 下，某一频率 f 下的复相对介电常数平移到参考温度 T_{ref} 后与对应频率 f_{ref} 之比。

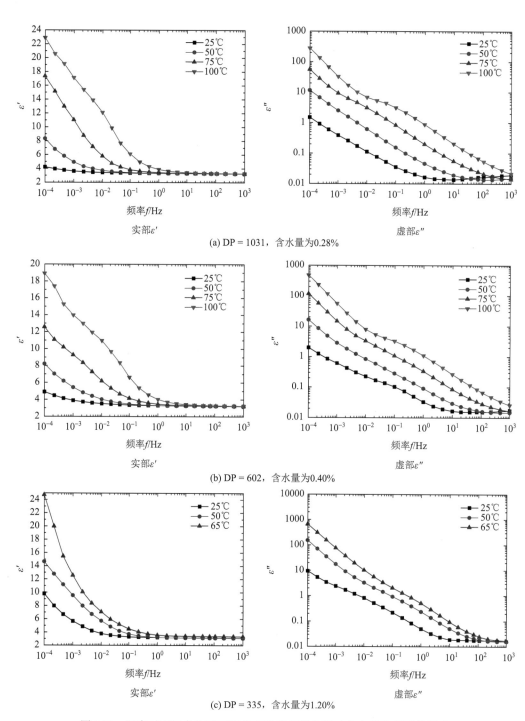

图 3.30 温度对不同老化和受潮状态油浸纸样复相对介电常数频谱的影响

$\beta_{T,T_{\text{ref}}}$ 满足 Arrhenius 方程，即

$$\ln\beta_{T,T_{\text{ref}}} = \ln(f) - \ln(f_{\text{ref}}) = -\frac{E_{\text{a}}}{k}\left(\frac{1}{T_{\text{ref}}} - \frac{1}{T}\right) \tag{3.11}$$

式中：E_a 为活化能，eV；$k = 1.38 \times 10^{-23}$ J/K 为玻尔兹曼常量；f 和 f_{ref} 为平移前后的频率值，Hz。

相似地，只要获得了活化能 E_a，就可以将任意温度下 $\varepsilon^*(\omega, T)$ 平移至参考温度下。根据图 3.30（a）～（c）的试验结果，通过式（3.11）拟合[45]得到活化能，如表 3.6 所示。

表 3.6　三张油浸纸样频域介电响应的活化能

编号	DP	含水量/%	E_a
1	1031	0.28	1.070
2	602	0.40	0.985
3	335	1.20	0.912

可以发现，不同老化和受潮程度的油浸纸样的频域介电响应活化能相似，可以认为老化和受潮对油浸纸样的频域介电响应活化能的影响不明显。这与文献[136]、[179]、[181]的结论一致。采用平均活化能 $E_a = 0.989$ 对图 3.30（a）～（c）的复相对介电常数频谱进行平移，

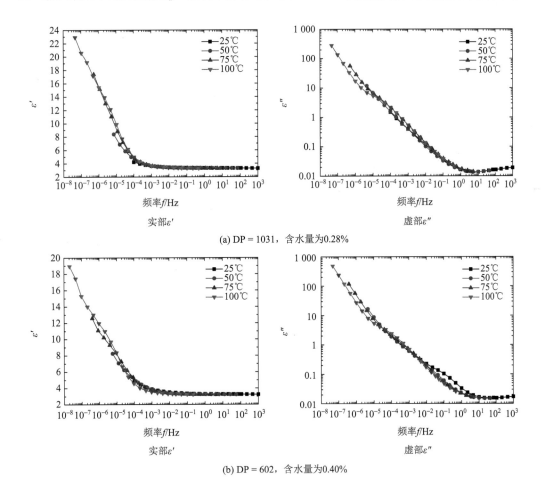

(a) DP = 1031，含水量为0.28%

(b) DP = 602，含水量为0.40%

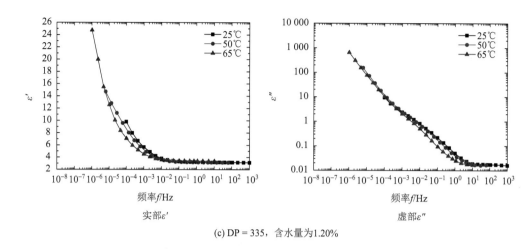

(c) DP = 335，含水量为1.20%

图 3.31　不同老化和受潮状态油浸纸样复相对介电常数频谱的主曲线

获得主曲线，结果如图 3.31 所示。因此，老化和受潮状态对频域介电响应活化能的影响有限，采用活化能可以将任意温度下的复相对介电常数频谱归算至参考温度下以消除温度的影响。

3.5　变压器油对油浸纸样时频域介电响应的影响

油纸绝缘在老化过程中，油的绝缘状态也会随之下降，老化副产物会溶于油中，导致其酸值和含水量上升，同时也影响油浸纸的时频域介电响应。为了提取更为可靠的老化和受潮状态评估特征量，需要研究变压器油对油浸纸样时频域介电响应的影响。本节对浸入不同油的油浸纸样的时频域介电响应进行对比。

将一张经过干燥预处理的 1 mm 绝缘纸样先后浸入两种不同电阻率但同类型的 Nynas Nytro 10XN 油（以下简称 Nynas 油）中，两种油分别记为 oil-1#和 oil-2#。油电阻率的测量参考标准《液体绝缘材料 相对电容率、介质损耗因数和直流电阻率的测量》（IEC 60247：2004），采用的油电极杯如图 3.9（a）所示。油电阻率的计算方法如式（3.12）所示。油浸纸样在浸油 96 h 之后测量其时频域介电响应，测量结果如图 3.32 和图 3.33 所示。

$$\rho_{\text{oil}} = KC_0\frac{U}{I} \tag{3.12}$$

式中：ρ_{oil} 为油电阻率，$\Omega\cdot\text{m}$；$K = 0.113$ 为常数；$C_0 = 58.6\text{pF}$ 为油杯的空杯电容；U 为测量电压，V；I 为测量电流，A。

另将两张经过干燥预处理的 1 mm 绝缘纸样分别放入 Nynas 油和 25#克拉玛依油（以下简称 25#油）中浸油，两种油分别记为 oil-3#和 oil-4#。96 h 后进行时频域介电响应测量，结果如图 3.34 和图 3.35 所示。

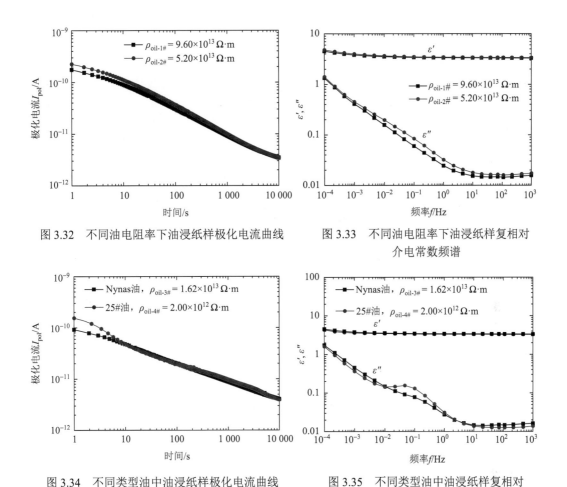

图 3.32　不同油电阻率下油浸纸样极化电流曲线

图 3.33　不同油电阻率下油浸纸样复相对
介电常数频谱

图 3.34　不同类型油中油浸纸样极化电流曲线

图 3.35　不同类型油中油浸纸样复相对
介电常数频谱

最后将 DP = 388 的油浸纸样分别浸入未老化和老化 18 d 的 25#油中，两种油分别记为 oil-5#和 oil-6#。96 h 后进行时频域介电响应测量，结果如图 3.36 和图 3.37 所示。

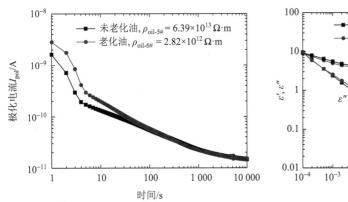

图 3.36　不同老化状态油中油浸纸样极化
电流曲线

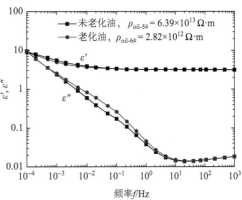

图 3.37　不同老化状态油中油浸纸样复相对
介电常数频谱

从图 3.32 看出，浸入不同电阻率 Nynas 油的油浸纸样的极化电流曲线在初始阶段，即 1～100 s 有所差异，此时段，浸入电阻率较大的 oil-1#的样品的极化电流要低于浸入 oil-2#的样品的极化电流。而在大于 100 s 的时段，两条极化电流曲线几乎重合。如图 3.34 所示，浸入不同类型油的两张油浸纸样的极化电流曲线则在 1～10 s 有所差异，而大于 10 s 时段几乎重合，同样，浸入电阻率较大的 Nynas 油的样品的极化电流初始部分低于浸入电阻率较小的 25#油的样品。图 3.36 中的情况相似，油的老化与否只影响了油浸纸样极化曲线的初始阶段。这与文献[115]、[107]和[128]的研究结果完全一致。说明极化电流曲线的初始阶段反映的是油的绝缘状态，并不会影响极化电流曲线的末端，这种规律也不会由于油类型的改变而变化。

在图 3.33、图 3.35 和图 3.37 中，可以看到，无论是浸入不同电阻率 Nynas 油还是浸入不同类型油，抑或者是浸入不同老化程度的 25#油的油浸纸样，它们的虚部 ε'' 频谱在中频段有所差异，而对高频和低频段并没有明显影响，这与文献[107]的结论相似，即油的状态只对介电频谱的中频段有所影响，而针对变压器的实测数据[184]也表示变压器油电阻率的变化主要影响中高频段的介电频谱，随着变压器油电阻率的下降，频谱曲线在低频段变化较小，而在中高频段向右平移。同时发现实部 ε' 频谱并没有发生明显的变化，这是由于油是非极性物质，在电场作用下不发生或很少发生极化作用，其复相对介电常数实部 ε' 变化不大[136]。

综上所述，油的状态只会影响极化电流曲线的初始部分和复相对介电常数频谱虚部 ε'' 的中高频段，且这种规律不受油类型的影响，也不受油浸纸老化程度的影响。因此，极化电流曲线末端不受变压器油的影响，而要想避免油对频域介电响应的影响，频域特征量则需要从低频段，即 10^{-3} Hz 以下的频段中进行选择。

3.6 基于支持向量机的油浸纸聚合度-含水量状态辨识模型

3.6.1 油浸纸老化和受潮状态特征量

研究表明，极化电流曲线的末端和介电频谱的低频段反映油纸绝缘中油浸纸的绝缘状态[97, 107-108, 112, 128-129]。对比老化和水分对油浸纸样时频域介电响应的影响后可以发现极化电流曲线末端与复相对介电常数虚部 ε'' 的低频段受老化和水分的共同影响。

而复相对介电常数的实部，即相对介电常数 ε' 的低频段受水分的影响远大于老化，其他的研究结果也证明了这一点：文献[26]指出了老化油浸纸的低频相对介电常数与新纸的差别不大。文献[185]提供了不同含水量和老化阶段油浸纸低频相对介电常数的变化情况：当含水量增加至 4.41%时，新油浸纸 10^{-3} Hz 下的相对介电常数从 4 增加至 56 左右，而湿度较低情况下的油浸纸的聚合度降低至 380 左右，其相对介电常数仅从 7 上升至 10 左右。文献[2]中的结论直接表明水分对油浸纸低频介电常数的影响远大于老化的影响。当频率为 10^{-4} Hz 时，聚合度为 689，水分为 3.1%的油浸纸的相对介电常数为 34.1，聚合度为 421，水分为 3.1%的油浸纸的相对介电常数为 49.5，而聚合度为 689，水分为 4.08%的油浸纸的相对介电常数为 1196.3，可以发现相同聚合度（689）的纸板，当含水量从 3.1%上升到 4.08%时，相对介电常数从 34.1 上升到 1196.3；而含水量相同（3.1%）的油浸纸，当聚合度从 689 下降到 421 时，相对介电常数仅从 34.1 上升到 49.5。

鉴于低频相对介电常数的这种特性，可将其视为表征油浸纸受潮状态的特征量。如图 3.24 所示，实部 ε' 频谱会在 10^{-3} Hz 附近出现驰豫峰，驰豫峰的出现与否和出现位置与纸绝缘自身材料、老化和受潮程度有关[108, 110]。因此，若将 10^{-3} Hz 附近的 ε' 值作为受潮特征量，会受到驰豫峰的影响。而更低频率下的 ε'，如 $\varepsilon'(10^{-4}$ Hz)，由于受低频弥散效应的影响，其与频率的对数近似呈线性关系，受驰豫峰的影响有限，更适合作为表征受潮状态的特征量。

考虑到极化电流曲线的末端受老化和水分的共同影响，而依据式（1.6），介质的电阻率可以通过极化电流的末端值计算获得，为了减少绝缘结构和油的影响，取末端值对应的电阻率作为老化受潮特征量，按照式（3.13）计算其体积电阻率 ρ：

$$\rho = \frac{U}{I_{pol}} \frac{S}{d} \tag{3.13}$$

式中：U 为施加直流电压，V；ρ 为油浸纸样的体积电阻率，$\Omega \cdot m$；I_{pol} 为极化电流末端值，A；电极几何参数与图 3.4（a）中的三电极一致，$S = \pi(D_1 + g)^2/4$ 为测量电极的有效面积，m^2，$g = 0.001$ m 为测量电极和保护电极之间的间隙，$D_1 = 0.05$ m 为测量电极直径；d 为试样的厚度，m。

除了老化，水分也会影响 ρ，故利用老化和水分对于电气参数 ρ 与 $\varepsilon'(10^{-4}$ Hz) 的不同影响可以区分油浸纸老化和受潮状态。

为了更清晰地比较不同 DP 下，ρ 和 $\varepsilon'(10^{-4}$ Hz) 随含水量的变化趋势，对 ρ 和 $\varepsilon'(10^{-4}$ Hz) 分别取对数，简写成 $\ln(\rho)$ 和 $\ln(\varepsilon')$，将其与含水量 M 的数据分别绘制于图 3.38 和图 3.39 中，同时对 $\ln(\rho)$ 和 $\ln(\varepsilon')$ 与含水量 M 之间的关系进行拟合，拟合公式列于表 3.7 和表 3.8 中。

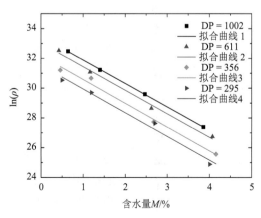

图 3.38　DP 变化下 $\ln(\rho)$ 和含水量 M 的关系

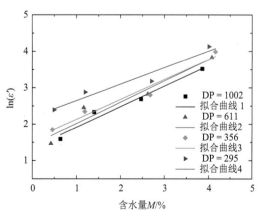

图 3.39　DP 变化下 $\ln(\varepsilon')$ 和含水量 M 的关系

表 3.7 不同 DP 下 $\ln(\rho)$ 和含水量 M 之间的关系拟合公式

DP	拟合公式	R^2
1002	$\ln(\rho) = -1.573\,983 \times M + 33.463\,98$	1.00
611	$\ln(\rho) = -1.579\,385 \times M + 33.013\,64$	0.99
356	$\ln(\rho) = -1.597\,218 \times M + 32.172\,00$	0.99
295	$\ln(\rho) = -1.591\,611 \times M + 31.526\,82$	0.98

表 3.8 不同 DP 下 $\ln(\varepsilon')$ 和含水量 M 之间的关系拟合公式

DP	拟合公式	R^2
1002	$\ln(\varepsilon') = 0.564\,982 \times M + 1.349\,46$	0.97
611	$\ln(\varepsilon') = 0.584\,501 \times M + 1.425\,65$	0.94
356	$\ln(\varepsilon') = 0.546\,807 \times M + 1.580\,96$	0.96
295	$\ln(\varepsilon') = 0.452\,602 \times M + 2.187\,71$	0.94

从图 3.38 中可看出，不同 DP 下，$\ln(\rho)$ 与含水量 M 之间呈现出线性关系，并且结合表 3.7 发现，4 条拟合曲线的斜率分布在 -1.597 和 -1.574 之间，十分相近，考虑材料自身的分散性，可以将不同 DP 下的拟合曲线视为近似平行关系。这说明，ρ 同时受到老化和水分的影响，且老化和水分对 $\ln(\rho)$ 的影响可近似视为线性叠加，而不是水分覆盖了老化的影响。

从图 3.39 可以看出，$\ln(\varepsilon')$ 与含水量 M 之间也呈现出线性关系，且除了 DP = 295，其余 DP 下的拟合曲线十分相似，结合表 3.8 中的拟合公式也可以发现，当 DP≥356 时，拟合公式的斜率和截距相差较小，三条拟合曲线并没有受 DP 的影响而发生较大的变化。同时注意到，尽管在 DP = 295 时，曲线有明显上升，但随着含水量的增加，曲线逐渐靠近其他 DP 下的曲线，而不是呈现出平行状态；表 3.9 列出了相似含水量区间内，油浸纸样 $\varepsilon'(10^{-4}\,\mathrm{Hz})$ 随 DP 下降的增幅，可以看出，相似含水量区间内，受潮状态下的 $\varepsilon'(10^{-4}\,\mathrm{Hz})$ 增幅始终低于干燥状态下的增幅，这都说明对于 DP = 295 时的 $\varepsilon'(10^{-4}\,\mathrm{Hz})$，老化的影响随着含水量的增加逐渐被水分淹没。也从侧面说明，当 DP≥356 时，$\varepsilon'(10^{-4}\,\mathrm{Hz})$ 受水分的影响远大于老化。相较于老化对 ρ 的影响，老化对 $\varepsilon'(10^{-4}\,\mathrm{Hz})$ 的影响要小得多，可以利用 $\varepsilon'(10^{-4}\,\mathrm{Hz})$ 区分老化和水分对 ρ 的相似影响。

表 3.9 油浸纸样 $\varepsilon'(10^{-4}\,\mathrm{Hz})$ 随 DP 下降的增幅

实部	含水量区间	DP = 1002	DP = 295	增幅
$\varepsilon'/(10^{-4}\,\mathrm{Hz})$	(0, 1)	4.9	10.9	122.4%
	(1, 2)	10.3	17.7	71.8%
	(2, 3)	14.7	23.9	62.6%
	(3, 5)	33.7	61.9	83.7%

考虑到油浸纸的 $\varepsilon'(10^{-4}\,\mathrm{Hz})$ 受水分影响远大于老化，ρ 与其老化和受潮程度均有关，可以基于试验获得了油浸纸电阻率 ρ、低频相对介电常数 $\varepsilon'(10^{-4}\,\mathrm{Hz})$ 及其表征的聚合度、含水量的训练样本集，结合支持向量机建立聚合度−含水量状态辨识模型，以 ρ 和 $\varepsilon'(10^{-4}\,\mathrm{Hz})$ 为输入特征量对不同老化与受潮状态的油浸纸样进行分类，以达到评估其老化和受潮状态的目的。

3.6.2　支持向量机原理

考虑到试验样本数据有限，需要采用小样本机器学习算法，采用 SVM（support vector machine，支持向量机）[186-187]作为分类算法对不同的老化和受潮状态进行分类判断。SVM 的优势在于：善于处理小样本和非线性问题，可以在最小化样本点误差的同时，最小化结构风险，提高模型的泛化性。其基本思想是对于线性可分样本，在原空间寻找最优分类超平面对样本进行划分；对于线性不可分问题，通过非线性变换把样本从原输入空间转化为高维特征空间的线性可分问题。

以二分类问题为例，假设有训练样本 $T = \{(\boldsymbol{x}_i, y_i) | i = 1, 2, \cdots, n\}$ 中有两种类别，即当 $\boldsymbol{x}_i$ 属于第一类时，$y_i = 1$；当 $\boldsymbol{x}_i$ 属于第二类时，$y_i = -1$。若存在分类超平面 $\boldsymbol{wx} + \boldsymbol{b} = 0$ 能够将训练样本分为两类，则称该样本线性可分。因此，如何找到最优的超平面成为关键，此问题可转化为对 $\boldsymbol{w}$ 和 $\boldsymbol{b}$ 的优化问题，即

$$\begin{cases} \min\left(\dfrac{1}{2}\|w^2\|\right) \\ \text{s.t.}\, y_i(\boldsymbol{wx}_i + \boldsymbol{b}) - 1 \geqslant 0, \qquad i = 1, 2, \cdots, n \end{cases} \tag{3.14}$$

该问题可以通过求解 Lagrange（拉格朗日）函数的鞍点得到，并依据 Lagrange 对偶理论转化为对偶问题：

$$\begin{cases} \max\limits_{\alpha}\left(\displaystyle\sum_{i=1}^{n}\alpha_i - \dfrac{1}{2}\sum_{i=1}^{n}\sum_{j=1}^{n}\alpha_i\alpha_j y_i y_j(\boldsymbol{x}_i\boldsymbol{x}_j)\right) \\ \text{s.t.}\displaystyle\sum_{i=1}^{n}\alpha_i y_i = 0, \qquad \alpha_i \geqslant 0 \end{cases} \tag{3.15}$$

式中：α_i 为 Lagrange 系数。经式（3.15）可以得到最优分类函数表达式：

$$f(x) = \mathrm{sgn}\left(\sum_{i=1}^{n}\alpha_i^* y_i(\boldsymbol{x}_i\boldsymbol{x}) + b\right) \tag{3.16}$$

对于线性不可分问题，可以通过核函数 $K(\boldsymbol{x}_i, \boldsymbol{x}_j) = \varPhi(\boldsymbol{x}_i)\varPhi(\boldsymbol{x}_j)$ 将样本从原输入空间通过非线性映射 $\varPhi$ 映射到高维特征空间，从而转化为线性可分问题。映射到高维空间后对应的对偶问题变为

$$\begin{cases} \max_{\alpha}\left(\sum_{i=1}^{n}\alpha_i - \frac{1}{2}\sum_{i=1}^{n}\sum_{j=1}^{n}\alpha_i\alpha_j y_i y_j K(\boldsymbol{x}_i,\boldsymbol{x})\right) \\ \text{s.t.}\sum_{i=1}^{n}\alpha_i y_i = 0, \qquad\qquad 0 \leqslant \alpha_i \leqslant C \end{cases} \tag{3.17}$$

式中：C 为惩罚系数，从而最优分类函数变为

$$f(x) = \text{sgn}\left(\sum_{i=1}^{n}\alpha_i^* y_i K(\boldsymbol{x}_i,\boldsymbol{x}) + b\right) \tag{3.18}$$

3.6.1 节提出的聚合度-含水量状态辨识问题为非线性分类，一般采用如式（3.19）所示的径向基核函数将非线性输入映射到高维特征空间。

$$K(\boldsymbol{x}_i,\boldsymbol{x}) = \exp(-\delta\|\boldsymbol{x} - \boldsymbol{x}_i\|^2) \tag{3.19}$$

式中，δ 为径向基函数的参数。惩罚系数 C 和径向基函数参数 δ 决定了 SVM 的分类识别性能。

采用 K 折交叉验证算法对支持向量机惩罚系数 C 和径向基函数参数 δ 进行寻优。K 折交叉验证算法是将训练样本数据集均分成 K 份，每次测试时采用其中的 $K-1$ 组数据集，而将剩下的一组数据作为验证样本集，以此进行 K 次测试。用这 K 次测试的验证样本集分类准确率的平均值作为此 K 折交叉验证下分类器的性能指标。同时，在 K 折交叉验证的每次训练中，采用网格搜索（grid search，GS）参数优化方法来寻找该模型的最优参数 C 和 δ。GS 是一种参数优化算法，首先分别设置 C 与 δ 的搜索范围和步长，进行网格划分；然后让 C 和 δ 在网格中逐一取值，代入 SVM 模型中并验证其在 K 折交叉验证下的分类准确率，以最高分类准确率对应的 C 和 δ 为最优参数组合。

对于多分类问题，可以通过叠加组合多个二分类 SVM 来建构多分类 SVM，主要有一对一和一对多两种方法。一对一是指对于 N 类训练样本中构建所有可能的二分类，因此，总共有 $N(N-1)/2$ 个二分类 SVM。预测样本需经过所有的二分类 SVM 进行分类，得票最多的类别即为预测样本的类别。

3.6.3 油浸纸聚合度-含水量状态辨识模型及分类结果

依据 3.1.3 节的分析，将油浸纸的老化和受潮状态分为 16 个大类，如表 3.10 所示。然后从备用样本中另选 12 个样品，先测量其时频域介电响应，再对其进行含水量和聚合度测试，试验结果如表 3.11 所示，根据试验结果得到的 12 个样本的实际状态类别分别为 1~4 号样品对应类别 1，5 号样品对应类别 4，6 号样品对应类别 7，7 号样品对应类别 8，8 号和 9 号样品对应类别 9，10 号样品对应类别 12，11 号样品对应类别 14，12 号样品对应类别 15。

表 3.10 油浸纸老化和受潮状态类别

类别	聚合度	含水量 M/%	类别	聚合度	含水量 M/%
1	800<DP≤1200	0<M≤1	9	300<DP≤500	0<M≤1
2	800<DP≤1200	1<M≤2	10	300<DP≤500	1<M≤2
3	800<DP≤1200	2<M≤3	11	300<DP≤500	2<M≤3
4	800<DP≤1200	3<M≤4	12	300<DP≤500	3<M≤4
5	500<DP≤800	0<M≤1	13	0<DP≤300	0<M≤1
6	500<DP≤800	1<M≤2	14	0<DP≤300	1<M≤2
7	500<DP≤800	2<M≤3	15	0<DP≤300	2<M≤3
8	500<DP≤800	3<M≤4	16	0<DP≤300	3<M≤4

表 3.11 各样品电阻率、低频相对介电常数、含水量和聚合度实测值

编号	ρ/(Ω·m)	ε'/(10^{-4} Hz)	含水量/%	聚合度	老化和受潮类别
1	1.63×10^{14}	4.50	0.18	1002	1
2	1.19×10^{14}	4.52	0.18	1002	1
3	1.47×10^{14}	4.16	0.18	1002	1
4	2.17×10^{14}	4.01	0.18	1002	1
5	8.38×10^{11}	36.6	3.81	1002	4
6	2.96×10^{12}	20.1	2.78	611	7
7	4.80×10^{11}	39.1	3.90	611	8
8	4.33×10^{13}	6.13	0.46	434	9
9	3.88×10^{13}	6.32	0.46	397	9
10	9.07×10^{10}	53.7	4.16	397	12
11	6.31×10^{12}	17.1	1.30	295	14
12	1.07×10^{12}	27.1	2.40	295	15

　　将试验得到的 37 组数据作为训练样本（表 3.12），由于训练样本数量有限，同时考虑样品测量结果间的分散性，将每组数据中的电阻率值和低频相对介电常数值分 10 次随机附加±10%以内的噪声，共组成 407 个训练样本。将表 3.11 中的 12 个油浸纸样作为预测样本进行状态分类，考虑到表中的预测样本数较少，同样对预测样本的每组数据分 10 次随机附加±10%以内的噪声，共组成 132 个预测样本，采用 SVM 对其进行分类，采用 K 折交叉验证，利用 GS 对惩罚系数 C 和径向基函数参数 δ 进行参数优化，最终确定最优的参数组合为 $C = 388.0234$，$\delta = 1.1487$。

表 3.12　聚合度-含水量状态辨识模型中 SVM 训练样本集所用试验数据

样本编号	电阻率 $\rho/(\Omega\cdot m)$	相对介电常数 $\varepsilon'/(10^{-4}\,Hz)$	老化和受潮类别
1	1.38×10^{14}	4.70	1
2	1.27×10^{14}	4.10	1
3	1.20×10^{14}	4.17	1
4	1.16×10^{14}	4.28	1
5	1.23×10^{14}	4.70	1
6	1.42×10^{14}	4.16	1
7	1.02×10^{14}	4.53	1
8	3.64×10^{13}	10.30	2
9	5.61×10^{13}	7.18	2
10	7.12×10^{12}	14.70	3
11	7.84×10^{11}	33.70	4
12	1.31×10^{14}	4.31	5
13	9.85×10^{13}	4.21	5
14	9.42×10^{13}	4.20	5
15	1.05×10^{14}	4.31	5
16	9.09×10^{13}	4.58	5
17	3.08×10^{13}	11.6	6
18	2.72×10^{12}	16.8	7
19	4.06×10^{11}	45.90	8
20	3.53×10^{13}	6.93	9
21	4.21×10^{13}	7.14	9
22	3.64×10^{13}	7.04	9
23	3.95×10^{13}	6.32	9
24	4.14×10^{13}	6.32	9
25	4.51×10^{12}	13.70	10
26	2.06×10^{13}	10.40	10
27	9.90×10^{12}	12.60	11
28	1.10×10^{12}	16.40	11
29	1.25×10^{11}	49.80	12
30	1.93×10^{13}	9.80	13
31	1.91×10^{13}	10.90	13
32	1.90×10^{13}	11.50	13
33	1.59×10^{13}	11.50	13
34	1.80×10^{13}	10.90	13
35	7.85×10^{12}	17.70	14
36	9.95×10^{11}	23.90	15
37	6.32×10^{10}	61.90	16

样本类别预测结果如图 3.40 所示。可以发现，除了类别 12、14、15 存在少量预测

错误的样本，其余类别均预测正确，预测样本的准确率为 96.21%。而导致类别 12、14、15 出现少量错误的原因可能是训练样本中相关样本数不足。

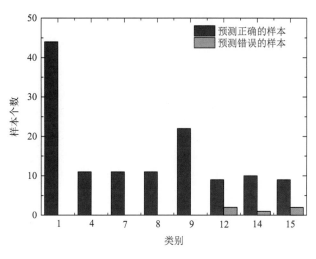

图 3.40　样本类别预测结果

综上，基于电气参数 ρ 和 $\varepsilon'(10^{-4}\,\text{Hz})$ 与油浸纸老化和受潮状态的强相关性，借助聚合度–含水量状态辨识模型可以实现对油浸纸老化与受潮状态的区分和评估。

3.7　本 章 小 结

本章利用老化和吸湿试验平台，制作不同老化和受潮状态的油浸纸样，研究了老化、水分、温度和变压器油对油浸纸极化电流曲线与复相对介电常数频谱的影响，得到了如下结论：

（1）老化和水分对极化电流曲线影响效果相似，随着油浸纸样受潮程度的加深，所有不同老化状态下的极化电流曲线显著上升，但老化对其极化电流曲线末端的影响并没有被水分的影响淹没，而是与水分一起对极化电流曲线产生综合影响。

（2）老化和水分对复相对介电常数虚部 ε'' 的影响与对极化电流曲线的影响类似，但对于实部 ε' 的影响则不同，试验结果显示，油浸纸样实部 ε' 随 DP 的变化并不明显。而由于水分为高相对介电常数的极性物质，含水量的增加则会使得实部 ε' 在低频段大幅度上升，其影响远大于老化。

（3）温度对油浸纸样时频域介电响应的影响明显，但可以通过基于活化能的主曲线平移方法来消除，即将不同温度下油浸纸样的极化电流曲线和复相对介电常数频谱归算至参考温度下。而通过试验发现，老化和水分对时频域介电响应的活化能并没有较大影响，试验结果与其他研究一致。

（4）油的状态只会影响极化电流曲线的初始部分和复相对介电常数频谱虚部 ε'' 的中高频段，且这种规律不受油类型的影响，也不受油浸纸老化程度的影响。

进一步结合试验数据，发现：

（1）不同 DP 下，$\mathrm{Ln}(\rho)$ 与含水量 M 之间呈现出线性关系，不同 DP 下的拟合曲线呈相互平行关系，ρ 同时受到老化和水分的影响，且老化和水分对 $\mathrm{Ln}(\rho)$ 的影响可视为线性叠加，而不是水分覆盖了老化的影响。

（2）$\mathrm{Ln}(\varepsilon')$ 与含水量 M 之间也呈线性关系，且当 DP$\geqslant$356 时，$\varepsilon'(10^{-4}\,\mathrm{Hz})$ 受水分的影响远大于老化。对于 DP $=$ 295 时的 $\varepsilon'(10^{-4}\,\mathrm{Hz})$，老化的影响随着含水量的增加逐渐被水分淹没。相较于老化对 ρ 的影响，老化对 $\varepsilon'(10^{-4}\,\mathrm{Hz})$ 的影响要小得多，因此，可将 $10^{-4}\,\mathrm{Hz}$ 下的相对介电常数 $\varepsilon'(10^{-4}\,\mathrm{Hz})$ 视为受潮特征量来区分老化和水分对电阻率 ρ 的相似影响。

基于电气参数 ρ 和 $\varepsilon'(10^{-4}\,\mathrm{Hz})$ 与油浸纸老化和受潮状态的强相关性，本章最终借助 SVM，以 ρ 和 $\varepsilon'(10^{-4}\,\mathrm{Hz})$ 为输入，建立起油浸纸聚合度-含水量的状态辨识模型，实现了对油浸纸老化和受潮状态的区分与评估。

第 4 章

变压器油浸纸参数分区恰定反演方法

第 3 章将电气参数 ρ 与 $\varepsilon'(10^{-4}\,\mathrm{Hz})$ 视为表征油浸纸老化和受潮状态的特征量,建立了油浸纸老化与受潮状态的区分和评估模型。但油浸纸位于变压器箱体内部,无法直接测量这两个特征量,且油浸纸老化和受潮状态具有空间分布性,整体评估会掩盖局部老化情况。鉴于变压器油浸纸电气参数的改变会引起其端口可测参量如绝缘电阻和介质损耗因数的变化,在已知变压器油的电气参数的前提下,采用电场仿真方法可以建立不同区域的油浸纸电气参数(反演输出量)与端口可测参量(反演输入量)的映射关系,继而实现油浸纸电气参数的反演。本章以变压器端口绝缘电阻 R、低频介质损耗因数 $\tan\delta$ 和变压器油电气参数为输入量,提出参数分区恰定反演方法计算变压器内部不同区域油浸纸电阻率 ρ、低频相对介电常数 $\varepsilon'(10^{-4}\,\mathrm{Hz})$,并结合 XY 模型进行初步验证。

4.1 油浸纸电气参数反演思路

根据已知原理或模型，以及一些与所处理问题有关的已知参数和边界条件，通过理论计算、模拟计算或实验测量获得观测结果，称为正演（forward problem），即由因到果的正向推演。反演（inversion）是指在了解系统或模型内在规律的基础上，将部分观测结果作为已知量或输入量，建立观测结果与系统某些未知特性或未知参数之间的关系，即由果到因的逆向推演。

在数学上，正演模型可以描述为

$$y = F(x) \tag{4.1}$$

式中：y 为模型响应或外部可测向量；x 为系统内在的特性或参数向量；$F(\cdot)$ 为从 x 到 y 的变换或映射关系。

反演模型可以描述为

$$x = F^{-1}(y) \tag{4.2}$$

式中：$F^{-1}(\cdot)$ 表示从 y 到 x 的广义上的逆变换。

总之，正演是反演的基础，需要对计算对象建立物理模型并确定有效的正演计算手段，然后才能建立反演问题，即确定 y 和 x 之间的映射关系 F，才能建立反演问题。

变压器油浸纸位于箱体内部，无法直接取样，而由第 2 章分析，变压器内部不同区域油浸纸老化或受潮会导致其电气参数如 ρ、$\varepsilon'(10^{-4}\ \text{Hz})$ 的变化，从而会引起与之相关的如绝缘电阻 R、介质损耗因数 $\tan\delta$ 等端口可测参量的变化。反演方法是获取不同区域油浸纸电气参数如 ρ、$\varepsilon'(10^{-4}\ \text{Hz})$ 的一种新思路，即根据变压器端口可以测参量和内部不同区域材料电气参数的映射关系，反向推算内部材料未知电气参数。

由式（4.1）和式（4.2）可知，反演需要三要素，即系统外部观测量、模型或映射关系、系统内部未知量，变压器油浸纸参数反演的三要素如图 4.1 所示。

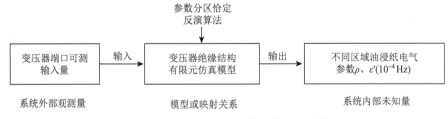

图 4.1 变压器油浸纸参数反演的三要素

4.2 变压器油浸纸电阻率分区恰定反演方法

若将变压器油纸绝缘中的油浸纸视为一个整体，其电阻率 ρ 与变压器油纸绝缘某种接线或加压方式对应的绝缘电阻 R 直接相关。由第 2 章试验分析结果可知，油浸纸老化和受潮均对其电阻率 ρ 有较大的影响，也会反映在 R 上。因此，当外施直流电压时，油浸纸、油电阻率与绝缘电阻 R 存在如下非线性映射关系：

$$R = F(\rho, \rho_{\text{oil}}) \tag{4.3}$$

式中：ρ、ρ_{oil} 为油浸纸和油的电阻率；$F(\bullet)$ 为相对应的非线性映射关系。

　　通常情况下，绝缘电阻 R 与变压器油的电阻率可以通过外部测量获得，因此 ρ_{oil}、R 都是已知的。类比式（4.1），R 即为反演油浸纸 ρ 的端口可测参量，即反演输入量。反演 ρ 的基础是获得 R 的数值模拟过程或计算方法，之后即可将问题转化成使 R 模拟值和测量值之间误差范数最小的优化问题。式（4.3）中的 $F(\bullet)$ 在实际中难以获得，可对变压器油纸绝缘结构的恒定电场进行有限元建模仿真，建立变压器端口参数 R 的计算方法或正演模型。

4.2.1　多区域油浸纸电阻率恰定反演与牛顿-拉弗森法

1. 多区域油浸纸电阻率反演思路

　　受不均匀电场和温度分布的影响，变压器油纸绝缘老化和受潮状态的分布具有空间差异性，将其视为整体考虑会对评估结果造成平均效应，掩盖局部问题。为此，可将整个油纸绝缘划分为若干区域，不同区域中的油浸纸老化程度不同，同一区域内油浸纸的平均电阻率视为特征量，以减少平均效应对评估结果的影响。

　　将变压器内部油浸纸划分为 N 个区域，当变压器油的电阻率已知时，可以采用有限元恒定电场仿真建立起如下的非线性映射关系：

$$\begin{cases} F_1(\rho_1, \rho_2, \cdots, \rho_N) = R_1 \\ F_2(\rho_1, \rho_2, \cdots, \rho_N) = R_2 \\ \qquad\qquad \vdots \\ F_N(\rho_1, \rho_2, \cdots, \rho_N) = R_N \\ \qquad\qquad \vdots \\ F_M(\rho_1, \rho_2, \cdots, \rho_N) = R_M \end{cases} \tag{4.4}$$

式中：$\rho_1, \rho_2, \cdots, \rho_N$ 表示 N 个不同区域油浸纸的电阻率；$R_1, R_2, \cdots, R_N, \cdots, R_M$ 表示 M 个不同的端口绝缘电阻，可以通过对变压器各端口施加直流电压测量获得；$F_1(\bullet), F_2(\bullet), \cdots,$ $F_N(\bullet), \cdots, F_M(\bullet)$ 为两者之间通过恒定电场仿真建立起的映射关系。若 $M = N$，则式（3.4）为恰定方程组，其向量形式为

$$\boldsymbol{F}(\boldsymbol{\rho}) = \boldsymbol{R} \tag{4.5}$$

式中：$\boldsymbol{\rho} = [\rho_1, \rho_2, \cdots, \rho_N]^{\text{T}}$ 为不同区域油浸纸电阻率组成的列向量；$\boldsymbol{R} = [R_1, R_2, \cdots,$

$R_N, \cdots, R_M]^T$ 为不同端口绝缘电阻组成的列向量；$F(\rho) = [F_1(\rho), F_2(\rho), \cdots, F_N(\rho), \cdots, F_M(\rho)]^T$ 可视为由恒定电场仿真建立的从 ρ 到 R 的正向映射列向量。

可见，不同区域油浸纸电阻率反演问题本质上是求解式（4.4）中的方程组，而要避免此方程组存在多解，$F_1(\cdot), F_2(\cdot), \cdots, F_N(\cdot), \cdots, F_M(\cdot)$ 必须相互独立。在实际变压器绝缘电阻的测量中，根据《电力变压器试验导则》（JB/T 501—2021），最多有 5 种不同的端口接线方式，如表 4.1 所示。因此，不同的接线方式（电压加载方式）可以得到不同的电场分布，继而得到不同端口绝缘电阻值，反映不同绝缘区域的信息。而不同的电场分布意味着不同的场映射关系，这表明式（4.4）中的 $F_1(\rho), F_2(\rho), \cdots, F_N(\rho), \cdots, F_M(\rho)$ 之间相互独立。

表 4.1　变压器绝缘电阻测量接线方式

编号	双绕组变压器		三绕组变压器	
	加压端	接地端	加压端	接地端
1	低压绕组	外壳和高压绕组	低压绕组	外壳、高压和中压绕组
2	高压绕组	外壳和低压绕组	中压绕组	外壳、高压和低压绕组
3	—	—	高压绕组	外壳、中压和低压绕组
4	高压绕组和低压绕组	外壳	高压绕组和低压绕组	外壳和低压绕组
5			高压绕组、中压绕组和低压绕组	外壳

综上所述，当已知变压器内部油纸绝缘结构、油电阻率，基于有限元恒定电场仿真可以建立正演模型，即从变压器内部不同区域油浸纸电阻率到各端口绝缘电阻的映射关系。之后便可以将绝缘电阻测量值作为输入量，采用反演算法对映射关系进行逆求解，求得内部不同区域油浸纸的电阻率。

2. 基于牛顿–拉弗森法的电阻率分区恰定反演方法

非线性方程求近似根的方法可以分为两类，即区间法和迭代法。区间法依靠缩小含根区间来得到近似根；迭代法是借助函数值构造一个趋向根的数列来求根。区间法具有程序简单、容易实现的特点，但该法收敛速度慢，不适用于复杂的非线性方程计算。而迭代法收敛速度快，适用于高维复杂计算。

采用迭代法对 ρ 进行迭代逆求解：即首先设置各区域油浸纸电阻率初值 ρ_0，同时利用变压器油纸绝缘有限元模型计算得到绝缘电阻初值 R_0，并与测量值 R 进行对比，当二者满足一定误差时，输出此刻对应的电阻率，否则不断迭代修正 ρ_0 直至满足误差。变压器油浸纸电阻率分区迭代反演流程如图 4.2 所示。

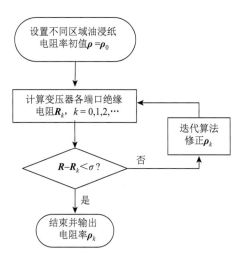

图 4.2　变压器油浸纸电阻率分区迭代反演流程

迭代法中，牛顿-拉弗森法（Newton-Raphson method，NRM）应用最为广泛，其思想是采取线性方程代替非线性方程建立迭代格式，以一元非线性方程 $R = F(x)$ 为例介绍 NRM 的原理。首先将 $F(x)$ 在初值 $x = \rho_0$ 处，展开成二阶泰勒级数：

$$R = F(\rho_0) + F'(\rho_0)(\rho - \rho_0) + \frac{F''(\xi)}{2}(\rho - \rho_0)^2 \tag{4.6}$$

取式（4.6）的线性部分，使其等于 R：

$$R = F(\rho_0) + F'(\rho_0)(\rho - \rho_0) \tag{4.7}$$

则第一次迭代的电阻率 ρ_1 为

$$\rho_1 = \rho_0 + \frac{R - F(\rho_0)}{F'(\rho_0)} \tag{4.8}$$

类似地，若已知 ρ_n，则有迭代公式：

$$\rho_{n+1} = \rho_n + \frac{R - F(\rho_n)}{F'(\rho_n)}, \quad n = 0, 1, 2, \cdots \tag{4.9}$$

按照此方法可以求得一个解序列 $\{\rho_0, \rho_1, \rho_2, \cdots, \rho_n\}$，直到 $|F(\rho_n) - R| < \sigma$，σ 为终止误差，此时 $x = \rho_n$ 即为解。NRM 在求解单根时具有二阶收敛性，收敛速度快。将其推广至多元非线性方程组，令式（4.4）中 $N = M$，如式（4.10）所示，以 $N \times N$ 恰定方程组为例：

$$\begin{cases} F_1(\rho_1, \rho_2, \cdots, \rho_N) = F_1(\boldsymbol{\rho}) = R_1 \\ F_2(\rho_1, \rho_2, \cdots, \rho_N) = F_2(\boldsymbol{\rho}) = R_2 \\ \quad\quad\quad\quad \vdots \\ F_N(\rho_1, \rho_2, \cdots, \rho_N) = F_N(\boldsymbol{\rho}) = R_N \end{cases} \tag{4.10}$$

式中：$R_1, R_2, \cdots, R_N$ 为变压器各端口绝缘电阻测量值；$F_1(\bullet), F_2(\bullet), \cdots, F_N(\bullet)$ 为通过有限元恒定电场仿真建立起来的映射关系。

对于式（4.10）中的方程组，首先设置 $\boldsymbol{\rho}$ 的初值 $\boldsymbol{\rho}_0 = [\rho_{10}, \rho_{20}, \cdots, \rho_{N0}]^T$，将方程组在 $\boldsymbol{\rho}_0$ 处按照二阶泰勒级数展开如式（4.11）所示。

$$\begin{cases} F_1(\boldsymbol{\rho}_0) + \sum_{i=1}^{N} \dfrac{\partial F_1(\boldsymbol{\rho}_0)}{\partial \rho_i}(\rho_i - \rho_{i0}) \approx R_1 \\ F_2(\boldsymbol{\rho}_0) + \sum_{i=1}^{N} \dfrac{\partial F_2(\boldsymbol{\rho}_0)}{\partial \rho_i}(\rho_i - \rho_{i0}) \approx R_2 \\ \qquad\qquad\qquad \vdots \\ F_N(\boldsymbol{\rho}_0) + \sum_{i=1}^{N} \dfrac{\partial F_N(\boldsymbol{\rho}_0)}{\partial \rho_i}(\rho_i - \rho_{i0}) \approx R_N \end{cases} \tag{4.11}$$

式中：$F_1(\boldsymbol{\rho}_0)$，$F_2(\boldsymbol{\rho}_0)$，$\cdots$，$F_N(\boldsymbol{\rho}_0)$ 均为通过有限元恒定电场仿真得到的、对应初值 $\boldsymbol{\rho}_0$ 的各端口绝缘电阻的计算值。

写成向量形式：

$$\boldsymbol{J}_0 \times \Delta\boldsymbol{\rho}_0 = \Delta\boldsymbol{R}_0 \tag{4.12}$$

式中：$\Delta\boldsymbol{\rho}_0 = \boldsymbol{\rho} - \boldsymbol{\rho}_0$；$\Delta\boldsymbol{R}_0 = \boldsymbol{R} - \boldsymbol{F}(\boldsymbol{\rho}_0)$；$\boldsymbol{J}_0$ 称为雅可比矩阵（Jacobian matrix），即

$$\boldsymbol{J}_0 = \begin{bmatrix} \dfrac{\partial F_1(\boldsymbol{\rho}_0)}{\partial \rho_1} & \dfrac{\partial F_1(\boldsymbol{\rho}_0)}{\partial \rho_2} & \cdots & \dfrac{\partial F_1(\boldsymbol{\rho}_0)}{\partial \rho_N} \\ \vdots & \vdots & & \vdots \\ \dfrac{\partial F_N(\boldsymbol{\rho}_0)}{\partial \rho_1} & \dfrac{\partial F_N(\boldsymbol{\rho}_0)}{\partial \rho_2} & \cdots & \dfrac{\partial F_N(\boldsymbol{\rho}_0)}{\partial \rho_N} \end{bmatrix} \tag{4.13}$$

式中：由于 $F_1(\bullet)$，$F_2(\bullet)$，$\cdots$，$F_N(\bullet)$ 并不存在具体解析式，即不存在偏导数的解析式。按照偏导数定义，采用式（4.14）计算各映射关系 $F_i(\bullet)$ 对各区域 ρ_{i0} 的偏导数，即

$$\frac{\partial F_i(\boldsymbol{\rho}_0)}{\partial \rho_i} = \frac{F_i(\rho_{10}, \cdots, \rho_{i0} + \delta\rho, \cdots, \rho_{N0}) - F_i(\rho_{10}, \cdots, \rho_{i0}, \cdots, \rho_{N0})}{\delta\rho}, \quad i = 1, 2, \cdots, N \tag{4.14}$$

式中：$\delta\rho$ 为第 i 个区域电阻率 ρ_i 的偏增量。每计算一次偏导数，就需要进行一次端口绝缘电阻正演计算。对于 $N \times N$ 的雅可比矩阵，需要进行 N^2 次正演计算。

综上，$\boldsymbol{\rho}_1$ 可以通过式（4.12）求得

$$\boldsymbol{\rho}_1 = \boldsymbol{J}_0^{-1} \times \Delta\boldsymbol{R}_0 + \boldsymbol{\rho}_0 \tag{4.15}$$

式中：$\boldsymbol{\rho}_1 = [\rho_{11}, \rho_{21}, \cdots, \rho_{N1}]^{\mathrm{T}}$ 为 $\boldsymbol{\rho}$ 经过第一次迭代所得到的电阻率列向量。

将式（4.15）推广至第 $k+1$ 次迭代：

$$\boldsymbol{\rho}_{k+1} = \boldsymbol{J}_k^{-1} \times \Delta\boldsymbol{R}_k + \boldsymbol{\rho}_k, \quad k = 0, 1, 2, \cdots \tag{4.16}$$

通过式（4.16）对方程的初值 $\boldsymbol{\rho}_0$ 进行迭代修正，直至第 $k+1$ 次迭代时的近似根 $\boldsymbol{\rho}_{k+1}$ 对应的绝缘电阻计算值 $\boldsymbol{F}(\boldsymbol{\rho}_{k+1})$ 与实际值 $\boldsymbol{R}$ 的误差范数 $\|\boldsymbol{E}_{r(k+1)}\| = \|\Delta\boldsymbol{R}_k\| = \|\boldsymbol{F}(\boldsymbol{\rho}_{k+1}) - \boldsymbol{R}\| < \sigma$，$\sigma$ 为终止误差，此时 $\boldsymbol{\rho}_{k+1}$ 即为式（4.10）中的方程组的近似根，这里误差范数 $\|\boldsymbol{E}_r\|$ 为 2-范数，即两个向量矩阵的直线距离。

这种通过 N 个端口输入量反演 N 个区域参数的反演方法，称为参数分区恰定反演方法。基于 NRM 的变压器油浸纸电阻率分区恰定反演流程如图 4.3 所示。

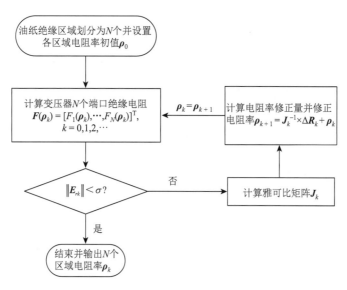

图 4.3　基于 NRM 的变压器油浸纸电阻率分区恰定反演流程

为了验证 NRM 作为反演算法的有效性，依据某 35 kV 双绕组变压器绝缘结构建立变压器油纸绝缘有限元二维轴对称模型[159-160]，如图 4.4 所示。模型中包含铁心、高压绕组、低压绕组、纸筒、角环等典型结构，同时考虑了绕组以及静电环外侧包裹的油浸纸。其中，高低压绕组各 24 饼；绕组外层均包裹绝缘纸，低压绕组外包纸为 0.3 mm，高压绕组外包纸为 0.4 mm；绝缘纸板设置在低压绕组与铁心之间、高低压绕组之间及高压绕组与箱体外壳之间。

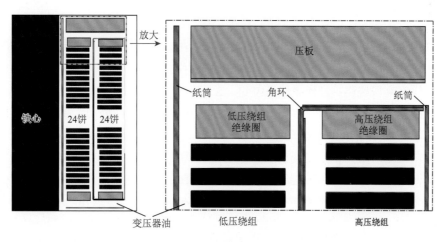

图 4.4　变压器油纸绝缘有限元二维轴对称模型

依据表 4.1 中双绕组变压器的 3 种接线方式，按照纸绝缘的位置将其划分为三个区域，如图 4.5 所示，分别为低压绕组与铁心之间的纸绝缘、高低压绕组间的纸绝缘及高压绕组与箱体外壳之间的纸绝缘。这样划分区域的原因是：一方面，根据式（4.4），方

程组的个数 M 需大于等于未知数的个数 N，即端口输入量需要大于等于分区数，才能避免方程组多解的情况；另一方面，根据式（4.13），在求解雅可比矩阵的过程中，需要求解各映射关系 $F_i(\bullet)$ 对各区域 ρ_i 的偏导数，即 ρ_i 发生变化引起的端口输入量的变化量，按照主绝缘结构分区使得各个区域内的纸绝缘电阻率对表 4.1 中不同接线方式对应的端口输入量均有贡献。若分区电阻率的变化引起端口输入量的变化量过小，则会导致雅可比矩阵奇异，使式（4.16）无法求解，反演结果难收敛。

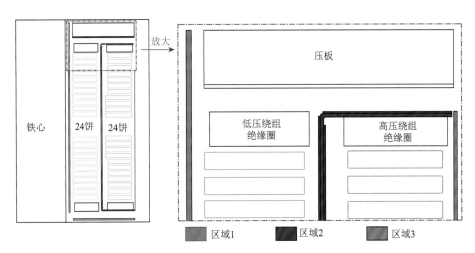

图 4.5 变压器油纸绝缘二维轴对称模型分区示意图

对于恰定反演方法来说，反演三个区域的电阻率，需要三个不同接线方式对应的端口绝缘电阻，故现将式（4.10）改写成式（4.17）：

$$\begin{cases} F_1(\rho_1, \rho_2, \rho_3) = R_{\text{H-LS}} \\ F_2(\rho_1, \rho_2, \rho_3) = R_{\text{L-HS}} \\ F_3(\rho_1, \rho_2, \rho_3) = R_{\text{HL-S}} \end{cases} \quad (4.17)$$

式中：H 代表高压绕组；L 代表低压绕组；S 代表变压器外壳箱体；$R_{\text{H-LS}}$、$R_{\text{L-HS}}$、$R_{\text{HL-S}}$ 分别表示高压绕组对低压绕组和外壳、低压绕组对高压绕组和外壳、高低压绕组对外壳的绝缘电阻。以 $R_{\text{H-LS}}$ 正演计算为例，仿真计算时，设置好油的电阻率和各区域油浸纸的电阻率，采用有限元恒定电场仿真，剖分后，高压绕组单元节点施加高电位 U，低压和外壳单元节点施加 0 电位，通过提取高压绕组表面节点电流值 I 来计算 $R_{\text{H-LS}} = U/I$。

将三个不同区域的油浸纸电阻率实际值预设为 $\rho_1 = 1 \times 10^{14}$ Ω·m、$\rho_2 = 5 \times 10^{13}$ Ω·m、$\rho_3 = 1 \times 10^{13}$ Ω·m，代表三种不同的绝缘状态，油的电阻率设为 1×10^{12} Ω·m。采用三种不同接线方式，通过有限元恒定电场仿真得到的变压器各端口绝缘电阻如表 4.2 所示，并将其设置为实际测量值输入 NRM 反演算法中对三个区域的油浸纸电阻率进行反演，观察反演值是否能够收敛于预设的实际值，以验证该算法的可靠性。由于实际中油电阻率可以通过测量获得，在反演过程中将油电阻率一并作为已知输入。同时，将迭代终止误差 σ 设置为 0.1%；电阻率上下限设置为 $[1 \times 10^{11}$ Ω·m，1×10^{16} Ω·m]。为了比较不同初值对 NRM 反演算法的影响，分别设置初值为 $\rho_0 = 1 \times 10^{12}\,\Omega\cdot\text{m}$、$1 \times 10^{13}\,\Omega\cdot\text{m}$、$1 \times 10^{14}\,\Omega\cdot\text{m}$。不同电阻率初值对应的三区域油浸纸电阻率迭代过程如图 4.6 所示。

表 4.2　仿真所得各端口绝缘电阻值

端口绝缘电阻	计算值/Ω
$R_{\text{H-LS}}$	2.159×10^{10}
$R_{\text{L-HS}}$	9.916×10^{10}
$R_{\text{HL-S}}$	2.163×10^{10}

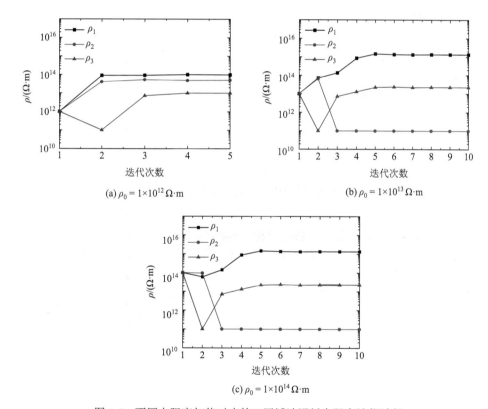

图 4.6　不同电阻率初值对应的三区域油浸纸电阻率迭代过程

由图 4.6 可知，三个电阻率初值中，只有 $\rho_0 = 1 \times 10^{12}\,\Omega\cdot\text{m}$ 时，三区域电阻率迭代值最终收敛于实际预设值。而其他初值对应的电阻率迭代值或陷于局部点，如图 4.6（b）和（c）中的区域 1、3 电阻率 ρ_1、ρ_3；或不断被下限所修正，如图 4.6（b）和（c）中的区域 2 电阻率 ρ_2，始终未能收敛于实际预设值。三个电阻率初值对应的误差范数 $\|E_r\|$ 变化情况如图 4.7 所示。可以发现，除了 $\rho_0 = 1 \times 10^{12}\,\Omega\cdot\text{m}$ 对应的 $\|E_r\|$ 呈现出下降趋势并最终小于迭代终止误差，其余两个初值对应的 $\|E_r\|$ 均在迭代过程中出现波动，并没有满足终止误差条件。

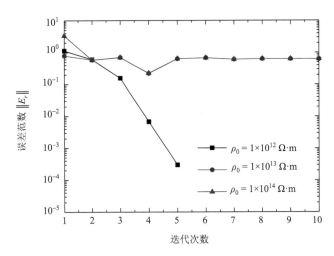

图 4.7　不同电阻率初值对应的误差范数 $\|E_r\|$ 变化情况

　　造成 NRM 误差范数波动的原因与初值选择有关，其根本原因是函数 $F(x)$ 的二阶导数 $F''(x)$ 在迭代区间$[a, b]$内存在过零点，即函数 $F(x)$ 存在拐点。下面以一元非线性方程 $F(x) = R$ 为例，如图 4.8 所示，从数学角度解释这种现象出现的原因：图 4.8 中，$F(x) = R$ 在迭代区间$[a, b]$内存在拐点。ρ 为方程 $F(x) = R$ 的真根，A 点对应的 ρ_0 为初值，根据 NRM 的原理，曲线 $F(x)$在 $x = \rho_0$ 处的切线与水平线 $y = R$ 的交点横坐标 ρ_1 即为下一步迭代对应的电阻率值，其对应 B 点。以此类推依次得到 ρ 的迭代序列$\{\rho_0, \rho_1, \rho_2, \cdots, \rho_k\}$，$k$ 为迭代次数。

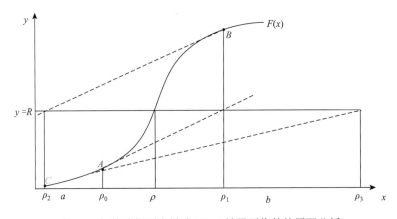

图 4.8　初值选择不当导致 NRM 结果不收敛的原因分析

　　由图 4.8 可以看出，由 A 点迁移至 C 点，随着迭代的进行，解会越来越远离真根，以至于发散，这是由于曲线 $F(x)$在 x 的变化范围内凹凸方向发生了改变，即其二阶导数 $F''(x)$存在过零点，初值选择不当造成了每次迭代存在过修正，得到的值距离真根越来越远。在本算例中即表现为被上下限不断修正。

综上，初值的选择对 NRM 的影响较大，若初值选择不当，可能会造成误差范数波动，最终导致反演值的不收敛。

4.2.2　牛顿下山法和布罗伊登法

根据前节的分析，尽管 NRM 收敛速度快，但是受初值的影响较大，不当的初值选择很容易导致反演值的不收敛。另外，采用 NRM 求解多元非线性方程组问题时，由各个偏导数组成的雅可比矩阵计算量巨大，对于 $N \times N$ 的雅可比矩阵，每计算一次就要进行 N^2 次端口输入量正演计算，对于网格量较大的三维有限元模型的计算尤为耗时，不利于反演算法的应用。基于这两个问题，采用牛顿下山法（Newton downhill method，NDM）和布罗伊登（Broyden）法对 NRM 进行优化改进。

1. 牛顿下山法

NRM 受限于初值的选择，为了减小 NRM 对初值的依赖，提高 NRM 的收敛性，在 NRM 迭代的过程中人为地设置一个条件，即每次迭代后的计算值与实际值的误差 $\Delta F(\rho_{k+1}) = |F(\rho_{k+1}) - R|$ 要小于上一次迭代的误差 $\Delta F(\rho_k) = |F(\rho_k) - R|$，使其单调下降，这种算法称为牛顿下山法。

下面仍以一元非线性方程 $F(x) = R$ 为例将牛顿下山法引入 NRM，首先将 NRM 的计算结果 ρ_{k+1} 与上一步的迭代值 ρ_k 进行加权平均，作为新值：

$$\bar{\rho}_{k+1} = \lambda \rho_{k+1} + (1-\lambda)\rho_k, \quad k = 0,1,2,\cdots \tag{4.18}$$

式中：$\lambda \in (0,1]$ 为下山因子。

代入式（4.9）得新值为

$$\bar{\rho}_{k+1} = \rho_k + \lambda \frac{R - F(\rho_k)}{F'(\rho_k)}, \quad k = 0,1,2,\cdots \tag{4.19}$$

将式（4.19）代替式（4.9）成为新的迭代公式。下山因子 λ 的引入，使得每一步迭代都逼近于目标值，可以有效地改善 NRM 对初值的依赖。如图 4.9 所示，经过第一次迭代，A 点移动至 B 点，解 ρ_1' 远离真根，且 $\Delta F(\rho_1') > \Delta F(\rho_0)$，存在过修正现象。此时，引入 λ 更新切线斜率，降低修正量，A 点移动至 C 点，$\Delta F(\rho_1) > \Delta F(\rho_0)$，解 ρ_1 相较于上一步的 ρ_1' 更接近于真根 ρ。

将 NDM 推广到多元非线性方程组的迭代求解中，一元方程中第 $k+1$ 次迭代后的误差 $\Delta F(\rho_{k+1})$ 对应多元空间中的误差范数 $\|\boldsymbol{E}_{r(k+1)}\| = \|\boldsymbol{F}(\rho_{k+1}) - \boldsymbol{R}\|$，同样引入下山因子 λ，将式（4.16）改写成式（4.20）：

$$\boldsymbol{\rho}_{k+1} = \lambda \boldsymbol{J}_k^{-1} \times \Delta \boldsymbol{R}_k + \boldsymbol{\rho}_k, \quad k = 0,1,2,\cdots \tag{4.20}$$

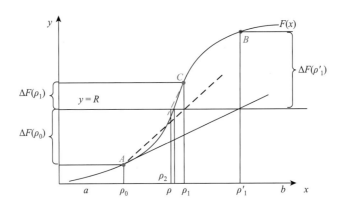

图 4.9　下山因子 λ 改善 NRM 结果不收敛的原因分析

NDM 求解多元非线性方程组的迭代流程如下所示。

（1）设置初始电阻率列向量 $\boldsymbol{\rho}_0$。

（2）计算$\|\boldsymbol{E}_{r0}\|$并判断是否满足误差要求，满足则结束迭代，输出此刻对应的电阻率列向量，若不满足则继续下一步。

（3）取下山因子 $\lambda = 1$，计算雅可比矩阵 $\boldsymbol{J}_k$。

（4）计算$\boldsymbol{\rho}_{k+1} = \lambda \boldsymbol{J}_k^{-1} \times \Delta R_k + \boldsymbol{\rho}_k$。

（5）计算$\|\boldsymbol{E}_{r(k+1)}\|$，并与$\|\boldsymbol{E}_{r(k)}\|$进行对比。①若$\|\boldsymbol{E}_{r(k+1)}\| < \|\boldsymbol{E}_{r(k)}\|$，判断$\|\boldsymbol{E}_{r(k+1)}\|$是否满足误差要求，若不满足，令 $\boldsymbol{\rho}_k = \boldsymbol{\rho}_{k+1}$，并转至步骤（3），若满足则迭代结束；②若$\|\boldsymbol{E}_{r(k+1)}\| \geqslant \|\boldsymbol{E}_{r(k)}\|$，令 $\lambda = \lambda/2$，转至步骤（4），重新求解 $\boldsymbol{\rho}_{k+1}$。

2. 布罗伊登法

Broyden 法属于拟牛顿法的一种。拟牛顿法的基本思想是用不包含二阶导数的矩阵 $\boldsymbol{B}_k$ 近似 NRM 中的雅可比矩阵 $\boldsymbol{J}_k$，从而减少计算量。假设有矩阵 $\boldsymbol{B}_k$ 能近似 $\boldsymbol{J}_k$，使

$$\boldsymbol{\rho}_{k+1} = \boldsymbol{B}_k^{-1} \times \Delta R_k + \boldsymbol{\rho}_k, \quad k = 0,1,2,\cdots \tag{4.21}$$

为了防止每步都要重新计算 $\boldsymbol{B}_k$，$\boldsymbol{B}_{k+1}$ 需要利用 $\boldsymbol{B}_k$ 加一个低秩的修正矩阵 $\Delta \boldsymbol{B}_k$ 来获得

$$\boldsymbol{B}_{k+1} = \boldsymbol{B}_k + \Delta \boldsymbol{B}_k \tag{4.22}$$

$\boldsymbol{B}_{k+1}$ 需要满足拟牛顿方程：

$$\boldsymbol{B}_{k+1}(\boldsymbol{\rho}_{k+1} - \boldsymbol{\rho}_k) = \boldsymbol{F}(\boldsymbol{\rho}_{k+1}) - \boldsymbol{F}(\boldsymbol{\rho}_k), \quad k = 0,1,2,\cdots \tag{4.23}$$

而 Broyden 法就是用秩为 1 的修正矩阵 $\Delta \boldsymbol{B}_k$，利用式（4.22）获得 $\boldsymbol{B}_{k+1}$。首先取合适的向量 $\boldsymbol{u}_k, \boldsymbol{v}_k \in \boldsymbol{R}^n$，满足拟牛顿方程。令 $\Delta \boldsymbol{B}_k = \boldsymbol{u}_k \times \boldsymbol{v}_k^{\mathrm{T}}$，$\boldsymbol{d}_k = \boldsymbol{\rho}_{k+1} - \boldsymbol{\rho}_k$，$\boldsymbol{p}_k = \boldsymbol{F}(\boldsymbol{\rho}_{k+1}) - \boldsymbol{F}(\boldsymbol{\rho}_k)$，将这些代入式（4.22）和式（4.23），可得

$$\boldsymbol{u}_k \boldsymbol{v}_k^{\mathrm{T}} \boldsymbol{d}_k = \boldsymbol{p}_k - \boldsymbol{B}_k \boldsymbol{d}_k \tag{4.24}$$

设内积 $\boldsymbol{v}_k^{\mathrm{T}} \times \boldsymbol{d}_k \neq 0$，则

$$u_k = \frac{1}{v_k^{\mathrm{T}} d_k}(p_k - B_k d_k) \tag{4.25}$$

将式（4.25）代入 $\Delta B_k = u_k \times v_k^{\mathrm{T}}$，得

$$\Delta B_k = \frac{1}{v_k^{\mathrm{T}} d_k}(p_k - B_k d_k) v_k^{\mathrm{T}} \tag{4.26}$$

令 $v_k = d_k$，则有

$$\Delta B_k = \frac{1}{d_k^{\mathrm{T}} d_k}(p_k - B_k d_k) d_k^{\mathrm{T}} \tag{4.27}$$

将式（4.27）代入式（4.22），则有

$$B_{k+1} = B_k + \frac{1}{d_k^{\mathrm{T}} d_k}(p_k - B_k d_k) d_k^{\mathrm{T}} \tag{4.28}$$

至此，采用 Broyden 法时，仅第一步需要计算初始雅可比矩阵 J_0，并令 $J_0 = B_0$，之后的每一步只需通过上一步的结果按式（4.28）进行计算即可。

在实际反演过程中，正演计算，即计算端口输入量如绝缘电阻的有限元仿真最为耗时，故需以端口输入量的有限元计算次数为单位，比较 NRM 和 Broyden 法的计算量。

对于 $N \times N$ 的多元非线性方程组来说，采用 NRM 每次迭代均需进行 N 次有限元计算，同时除了最后一步迭代，每一次迭代在计算 $N \times N$ 的雅可比矩阵时，需要进行 N^2 次有限元计算，因此，采用 NRM 反演所需的总有限元计算次数 T 为

$$T = N \times \mathrm{iter} + N^2 \times (\mathrm{iter} - 1) \tag{4.29}$$

式中：iter 为迭代次数。

而采用 Broyden 法在迭代过程中除了进行 N 次有限元计算，只需要进行一次雅可比矩阵的运算，即 N^2 次有限元计算，因此，采用 Broyden 法反演所需的总有限元计算次数 T 为

$$T = N \times \mathrm{iter} + N^2 \tag{4.30}$$

由此可见，较之于 NRM，NDM 可以有效地降低对初值的依赖，而采用 Broyden 法可使反演的计算效率大幅度上升。因此，将 NDM 和 Broyden 法相结合对 NRM 进行优化，称为 NDM-Broyden 反演算法（简称 NDM-Broyden 法），NDM-Broyden 法的迭代反演流程如图 4.10 所示，其电阻率迭代公式如下：

$$\rho_{k+1} = \lambda B_k^{-1} \times \Delta R_k + \rho_k, \quad k = 0, 1, 2, \cdots \tag{4.31}$$

改进后，由于 NDM 的每次修正需要进行 N 次有限元计算以判断计算值是否满足终止误差，修正中的每次迭代还需要计算一次雅可比矩阵，即 N^2 次有限元计算，因此，NDM-Broyden 法所需的总有限元计算次数 T 为

$$T = N \times \mathrm{iter} + N^2 + M_{\mathrm{iter}} \times N^2 + M \times N \tag{4.32}$$

式中：M 为采用 NDM 后修正误差范数的次数；M_{iter} 为修正过程中的迭代步数。

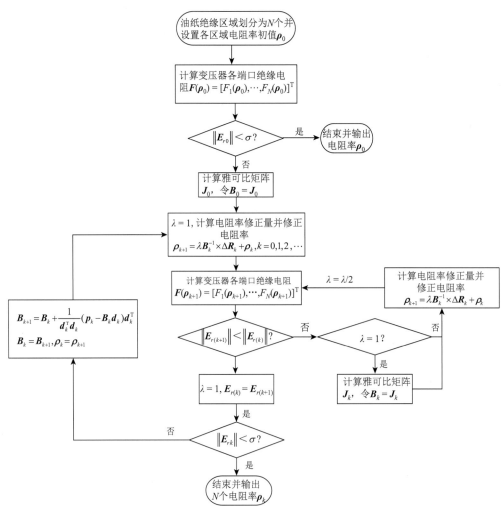

图 4.10　基于 NDM-Broyden 法的变压器油浸纸电阻率分区恰定迭代反演流程

仍以图 4.4 中的变压器二维轴对称模型为例，采用 NDM-Broyden 法对三个区域的电阻率进行反演，不同电阻率初值对应的迭代过程和误差范数 $\|E_r\|$ 变化如图 4.11 所示。

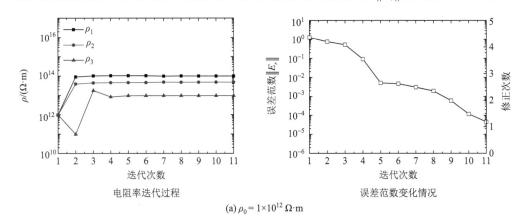

(a) $\rho_0 = 1 \times 10^{12}\ \Omega \cdot m$

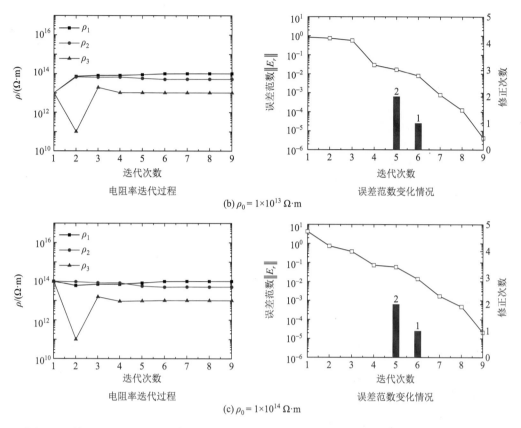

(b) $\rho_0 = 1 \times 10^{13}\ \Omega \cdot m$

(c) $\rho_0 = 1 \times 10^{14}\ \Omega \cdot m$

图 4.11　基于 NDM-Broyden 法的不同初值对应的三区域电阻率迭代过程和误差范数$\|E_r\|$变化

从图 4.11 中可以看出，采用 NDM-Broyden 法后，所有初值电阻率均收敛至实际预设值，同时误差范数 $\|E_r\|$ 逐级单调下降，最终满足终止误差 0.1%。当 $\rho_0 = 1 \times 10^{12}\ \Omega \cdot m$ 时，由于初值选择合适，NDM 并没有发挥作用，即并没有修正 $\|E_r\|$，但迭代总步数为 11，较 NRM 多 6 步，这主要是由于 Broyden 法采用近似矩阵代替雅可比矩阵。尽管改进后算法的总迭代步数是 NRM 的两倍左右，但依据式（4.29）和式（4.32）可知，NDM-Broyden 法总的有限元计算次数为 42，而采用 NRM 的有限元计算次数为 51，计算效率明显提升。当 $\rho_0 = 1 \times 10^{13}\ \Omega \cdot m$、$1 \times 10^{14}\ \Omega \cdot m$ 时，迭代至第 5 步和第 6 步时，NDM 分别对$\|E_r\|$修正了 2 次和 1 次，之后 $\|E_r\|$ 逐级下降并最终收敛。

综上，改进后的 NDM-Broyden 法较 NRM 对初值的依赖小，大幅度地改善了 NRM 的收敛情况并提升了计算效率。

4.3　变压器油浸纸相对介电常数分区恰定反演方法

由第 2 章试验结果可知，油浸纸的老化和受潮均会导致其电阻率下降。但是这两种状态反映在另一个电气参数——低频相对介电常数 $\varepsilon'(10^{-4}\ Hz)$，则有所差异。因而可以在油浸纸电阻率反演的基础上，对其 $\varepsilon'(10^{-4}\,\text{Hz})$ 进行反演，作为对电阻率反演的补充。

与反演电阻率类似，相对介电常数的反演同样需要通过有限元电场仿真建立变压器内部不同区域油浸纸相对介电常数到端口可测输入量的映射关系。因此，首先要确定端口输入量及正演计算过程。

4.3.1 相对介电常数反演输入量的确定

对于单一材料而言，电介质的相对介电常数与其电容对应，可以通过直接测量试品的电容获取其相对介电常数。对于多层电介质如油纸绝缘而言，测得的等效电容不仅与其相对介电常数有关，还与其电阻率、介质极化损耗等因素相关。为了对油纸绝缘的介电特性进行定性分析，考虑油纸绝缘为复合电介质，引入如图 4.12（a）所示的双介质等效模型。其中，ρ_p、ε_p、d_1 和 ρ_o、ε_o、d_2 分别为纸与油的电阻率、相对介电常数和厚度。

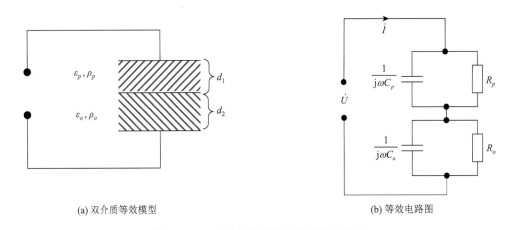

(a) 双介质等效模型   (b) 等效电路图

图 4.12 双介质等效模型及其等效电路图

对双介质等效模型两端施加角频率为 ω 的交流电压 $\dot{U}$，其在交流电压下等效电路图如图 4.12（b）所示。其中，R_p 和 C_p 与 R_o 和 C_o 分别是纸和油的电阻、电容。又知 $R=\rho d/S$，$C=\varepsilon_0\varepsilon S/d$，$S$ 为电极有效面积，因此，双介质等效模型交流下的总阻抗 Z 为

$$Z = Z_{\text{real}} + jZ_{\text{imag}} \tag{4.33}$$

式中：

$$Z_{\text{real}} = \frac{d_1\rho_p}{S\left((\omega\varepsilon_0\varepsilon_p\rho_p)^2+1\right)} + \frac{d_2\rho_o}{S\left(\frac{(d_2\omega\varepsilon_0\varepsilon_o\rho_o)^2}{d_1^2}+1\right)} \tag{4.34}$$

$$Z_{\text{imag}} = -\frac{d_1\omega\varepsilon_0\varepsilon_p\rho_p^2}{S\left((\omega\varepsilon_0\varepsilon_p\rho_p)^2+1\right)} - \frac{d_2^2\varepsilon_0\varepsilon_o\rho_o^2}{Sd_1\left(\frac{(d_2\omega\varepsilon_0\varepsilon_o\rho_o)^2}{d_1^2}+1\right)} \tag{4.35}$$

$|Z_{imag}|$ 即为双介质模型的等效电容，由式（4.34）和式（4.35）可见，无论是阻抗的实部还是虚部均与纸和油的电阻率、相对介电常数相关。这说明对于变压器油纸绝缘在交流电压下的响应，如端口电容等，既与材料相对介电常数相关，也同其电阻率相关，测量结果不能单独反映其相对介电常数的变化。

为了降低绝缘结构对测量结果的影响，工程上经常采用介质损耗因数代替电容来反映变压器的绝缘状态。鉴于电容与介质损耗因数均由电阻率、相对介电常数、介质极化损耗等共同决定，为了避免介质几何尺寸和外施电压对介质本身损耗的影响，选择介质损耗因数为主要研究对象，讨论其在油浸纸相对介电常数反演中的应用。

电介质不是理想的绝缘体，内部存在一些弱联系的导电载流子。在交流电压激励下，由于电导的存在和极化的滞后效应，电介质中会产生能量损耗，称为介质损耗。单一电介质的介质损耗由电导损耗、位移极化损耗和偶极子极化损耗组成，其中电导损耗是由电介质的传导电流产生的，而传导电流由电介质自身的电阻率决定。位移极化建立时间极短，仅为 $10^{-13} \sim 10^{-12}$ s，在交变电压下该损耗可以忽略。而偶极子极化时间为 $10^{-10} \sim 10^{-2}$ s，甚至更长，在外电场频率较低时，这一类极化能跟得上交变电场的周期性变化，极化得以完成，不产生损耗。当电场变化周期与弛豫极化时间接近时，偶极子极化损耗逐渐增大。当频率进一步升高时，电场变化的周期远小于弛豫极化的时间，此时弛豫极化过程完全无法建立，弛豫极化损耗又逐渐下降，逐渐接近零[188-189]。当电介质为复合材料时，还会存在界面极化，其极化过程缓慢，可达数小时，主要发生在低频下且伴有能量损耗。

介质损耗因数是表征电介质介质损耗大小的物理量，根据电介质物理学[189]，单一介质损耗因数 $\tan \delta(\omega)$ 的定义为

$$\tan \delta(\omega) = \frac{\varepsilon''(\omega)}{\varepsilon'(\omega)} = \frac{\dfrac{1}{\omega \varepsilon_0 \rho} + \chi''(\omega)}{1 + \chi'(\omega)} = \frac{\dfrac{1}{\omega \varepsilon_0 \rho} + (\varepsilon_s - \varepsilon_\infty) \dfrac{\omega \tau}{1 + (\omega \tau)^2}}{\varepsilon_\infty + \dfrac{\varepsilon_s - \varepsilon_\infty}{1 + (\omega \tau)^2}} \tag{4.36}$$

式中：$\chi''(\omega)$ 与 $\chi'(\omega)$ 是复极化率虚部和实部，$\chi''(\omega)$ 表征极化损耗；τ 为极化时间常数；ω 为外施电压角频率；ε_∞ 为高频介电常数；ρ 为电阻率；ε_s 为相对介电常数。

对于双介质模型来说，依据图 4.12（b），总的介质损耗因数 $\tan \delta(\omega)$ 可以推导为

$$\tan \delta(\omega) = \frac{C_2 \tan \delta_1 \left(1 + \tan^2 \delta_2(\omega)\right) + C_1 \tan \delta_2 \left(1 + \tan^2 \delta_1(\omega)\right)}{C_1 \left(1 + \tan^2 \delta_1(\omega)\right) + C_2 \left(1 + \tan^2 \delta_2(\omega)\right)} \tag{4.37}$$

式中：$\tan \delta_1(\omega)$、$\tan \delta_2(\omega)$ 为纸和油各自的介质损耗因数。

结合第 2 章中低频相对介电常数 $\varepsilon'(10^{-4}$ Hz$)$ 可以表征油浸纸受潮程度的结论，反演 $\varepsilon'(10^{-4}$ Hz$)$ 应采用 $\tan \delta(10^{-4}$ Hz$)$ 作为端口输入量，即反演频率应为 10^{-4} Hz。由于介质损耗因数与电阻率有关，可以采用有限元时谐场对其进行仿真计算。但是，如式（4.36）和式（4.37）所示，由于交流电压频率的改变，$\tan \delta(\omega)$ 的不同频段包含了不同的极化损耗类型，而除界面极化损耗外，其余极化损耗类型如偶极子极化损耗一方面在仿真中难

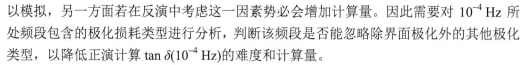

以模拟，另一方面若在反演中考虑这一因素势必会增加计算量。因此需要对 $10^{-4}\ \text{Hz}$ 所处频段包含的极化损耗类型进行分析，判断该频段是否能忽略除界面极化外的其他极化类型，以降低正演计算 $\tan\delta(10^{-4}\ \text{Hz})$ 的难度和计算量。

在低频下，即 $\omega\approx0$，对于单一介质，式（4.36）可以近似化简为

$$\tan\delta = \frac{1}{\omega\varepsilon_0\varepsilon_s\rho} \qquad (4.38)$$

在低频下，单一介质中的偶极子排列随电场的变化不存在滞后现象，因此偶极子极化损耗可以忽略，$\chi''(\omega)\approx0$，电介质中电导损耗占主要地位，继而依据式（4.37）可以推知在油纸绝缘复合介质中的偶极子极化损耗在低频下也可以忽略[188]。下面基于变压器阻容等效电路模型，通过对比忽略偶极子极化损耗的 FDS 仿真曲线和包含偶极子极化损耗的 FDS 实测曲线来确定能够忽略偶极子极化损耗的低频频段，判断 $10^{-4}\ \text{Hz}$ 是否处于该频段内。

1. 变压器油纸绝缘低频阻容等效电路模型及电路参数辨识

1）变压器油纸绝缘低频阻容等效电路模型

扩展德拜模型是一种常用的阻容等效模型，可以用于分析变压器油纸绝缘的介电响应特性，如图 4.13 所示。

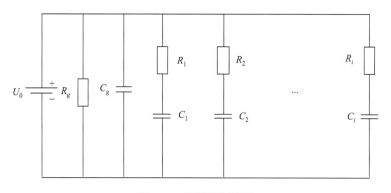

图 4.13　扩展德拜模型

图 4.13 中，R_g 是系统的绝缘电阻，可以用来表征电介质的传导电流；C_g 为几何电容；R_i 与 C_i 分别为第 i 条支路的电阻和电容。在高分子电介质中，每个极性基团周围具有不同构型的分子，因此在施加电场后的极化响应时间各不相同，扩展德拜模型利用各支路不同的时间常数 RC 来表征不同的极化过程，同时不考虑油纸绝缘的几何结构。

油纸绝缘系统是一种复合绝缘介质，在变压器中存在大面积的油-纸分界面，如图 4.14 所示。其中，纸和油电阻率与相对介电常数分别为 ρ_p、ε_p 和 ρ_o、ε_o。相对

应的 R_{p1}、C_{p1} 和 R_{o1}、C_{o1} 分别为纸与油的等效电阻和电容。当外施直流电压 U_0 时，在施加瞬间，相当于施加一个频率很高的电压，电压的分配与电容成反比，当电压稳定后，电压的分配与电阻成正比，在这个过程中，电荷发生了重新分配。设 $R_{p1} > R_{o1}$，$C_{p1} > C_{o1}$，当时间 t 趋近 0 时，$U_1 < U_2$，当 t 趋近于正无穷时，$U_1 > U_2$，由于总电压不变，当 U_1 升高时，U_2 下降，C_{o1} 的电荷要通过 R_{o1} 释放掉，而 C_{p1} 需要从电源吸收一部分电荷，整个过程由于介质电阻较大而发生得非常缓慢，一般出现在直流或交流低频激励作用下，且伴有能量损耗，这个过程称为介质的界面极化。由于偶极子极化在低频下无法建立，所以油纸绝缘系统在低频下的损耗主要由电导损耗和界面极化损耗组成。

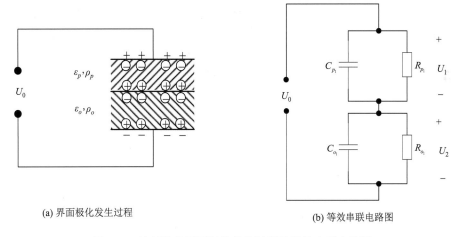

(a) 界面极化发生过程　　　　　　　　　　(b) 等效串联电路图

图 4.14　油纸绝缘界面极化发生过程及等效串联电路图

　　综上，低频下，由油、纸电阻率和相对介电常数差异而产生的界面极化是变压器中主要的极化现象之一。用德拜模型中单一的 RC 串联电路来描述这一极化过程并不准确[190]。为了考虑界面极化的影响，引入图 4.14（b）的等效支路表征低频下油纸间的界面极化。考虑到变压器油纸绝缘结构内部各处油浸纸的材料参数、绝缘状态不尽相同，其界面极化响应时长不一，基于离散化的思想，将油浸式变压器的油纸绝缘结构看作图 4.14（b）中双介质模型的并联组合，如图 4.15 所示，建立变压器油纸绝缘低频阻容等效电路，其中，i 表示支路数；R_{p_i}、R_{o_i} 与 C_{p_i}、C_{o_i} 分别代表变压器油和纸的阻容参数。

　　当该电路中电容电阻参数确定时，通过电路原理可以计算变压器油纸绝缘的 FDS，并与试验曲线对比。需要注意的是，FDS 试验曲线是包含了电导损耗和界面极化、偶极子极化等各种极化损耗的，而仿真得到的 FDS 曲线由于双介质模型无法模拟偶极子极化损耗，所以它们在低频段重合的部分即为可忽略偶极子极化损耗的部分。那么首先需获得等效电路模型中的电路参数。

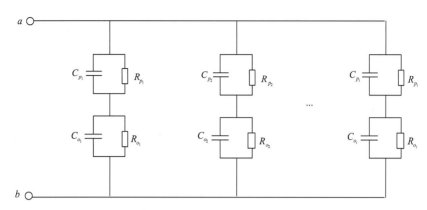

图 4.15　基于双介质模型的变压器油纸绝缘低频阻容等效电路

2）电路参数辨识

目前，针对阻容等效电路参数进行有效辨识的数学模型有很多，文献[75]、[95]、[105]、[106]利用回复电压法测量得到的极化谱特征量建立数学模型，该模型虽然在辨识参数方面有一定的准确性，但由于公式复杂，在涉及拉普拉斯变换时会导致计算量较大，而电介质绝缘电阻的数学模型推导公式相对简单，所以本书提出利用绝缘电阻数学模型来求解等效电路参数。

如图 4.15 所示，在变压器 ab 端口加载直流电压 u_0，加压前 $u_{cpi}(0_-) = u_{coi}(0_-) = 0$；加压后，电容电压 $u_{cpi}(t)$、$u_{coi}(t)$ 发生跃变，有

$$u_{cpi}(0_+) + u_{coi}(0_+) = u_0 \qquad (4.39)$$

又根据换路瞬间电荷守恒有

$$C_{pi}u_{cpi}(0_+) - C_{oi}u_{coi}(0_+) = C_{pi}u_{cpi}(0_-) - C_{oi}u_{coi}(0_-) \qquad (4.40)$$

则可推得

$$u_{cpi}(0_+) = \frac{C_{oi}}{C_{pi} + C_{oi}}u_0 \qquad (4.41)$$

每条支路的时间常数为

$$\tau_i = \frac{R_{pi}R_{oi}}{R_{pi} + R_{oi}}(C_{pi} + C_{oi}) \qquad (4.42)$$

由三要素法可知

$$u_{cpi}(t) = \frac{R_{pi}}{R_{pi} + R_{oi}}u_0 - \frac{R_{pi}C_{pi} - R_{oi}C_{oi}}{(R_{pi} + R_{oi})(C_{pi} + C_{oi})}u_0 \mathrm{e}^{-t/\tau_i} \qquad (4.43)$$

此时流过支路 i 的电流 $I_i(t)$ 为

$$
\begin{aligned}
I_i(t) &= \frac{u_{cpi}(t)}{R_{pi}} + C_{pi}\frac{u_{cpi}(t)}{\mathrm{d}t} \\
&= \left(\frac{R_{pi}C_{pi}^2 + R_{oi}C_{oi}^2}{R_{pi}R_{oi}(C_{pi} + C_{oi})^2} - \frac{1}{R_{pi} + R_{oi}} \right)u\mathrm{e}^{-\frac{t}{\tau}} + \frac{u}{R_{pi} + R_{oi}}
\end{aligned}
\qquad (4.44)
$$

则此阻容网络的绝缘电阻计算公式可以表示为

$$R(t) = \frac{u_0}{I_1(t) + I_2(t) + \cdots + I_i(t) + \cdots + I_n(t)} \tag{4.45}$$

在式（4.44）和式（4.45）中：u_0、t、$R(t)$ 可以通过现场测量获得；R_{pi}、R_{ci}、C_{pi}、C_{oi}（$i = 1, 2, \cdots, n$），是待求的未知参数，n 为支路数；未知参数个数 m 和支路数 n 的关系为 $m = 4n$。

将求解问题转化成数学寻优问题，考虑到绝缘电阻数量级较大，在寻优目标函数中引入相对误差的概念，最终通过最小二乘法建立目标函数如式（4.46）所示，当适应度 F 接近 0 时，即可求出电路中未知参数的解。

$$F = \min\left(\left(\frac{1}{4n}\sum_{j=1}^{4n}\frac{R(t_j) - \dfrac{u_0}{I_1(t_j) + I_2(t_j) + \cdots + I_n(t_j)}}{R(t_j)}\right)^2\right) \tag{4.46}$$

对于式（4.46）的求解，由于参数多，变化范围大，导致初值选择困难，采用前面的 NRM 并不能准确地求解等效电路参数，很容易陷入局部最优。相比之下，PSO 算法具有全局优化能力强、控制参数少、效率高的优势，更适合这类寻优问题的求解。PSO 算法是一种基于群体智能的进化算法。PSO 算法收敛速度快，通过每个粒子间的信息交换，整个群体表现出强大的寻优能力[191]。但实际工程中待优化的复杂函数具有非线性、离散化、多峰值的特点，会导致粒子群聚集在局部极值处，在后期搜索过程中收敛速度逐渐下降，失去粒子的多样性，从而出现"早熟现象"而陷入局部最优。因此需要提高粒子群算法的全局搜索性能以保证解的质量。

模拟退火（simulated annealing, SA）算法在搜索解空间的过程中具有一定的概率突变能力，可以按照一定的概率接收新的解，不论优劣，并不强求新解一定要优于旧解，接收新解的概率随温度的下降而逐渐减小，从而使得粒子的多样性丰富，且受初值影响小[192]。但模拟退火法求得最优解花费的时间过长，尤其是遇到高维度解空间时。因此，将粒子群算法和模拟退火法相结合，即 SAPSO 算法，既可以有效地避免粒子群法搜索过程中陷入局部极值的情况，也可以减少模拟退火算法的搜索时间。

设在 m 维目标的搜索空间中，SAPSO 算法的算法步骤描述如下所示。

（1）随机初始化粒子种群的数量 N、位置 $\boldsymbol{x}_i = (x_{i1}, x_{i2}, \cdots, x_{im})$ 和速度 $\boldsymbol{v}_i = (v_{i1}, v_{i2}, \cdots, v_{im})$，设定学习因子 c_1、c_2 与最大进化次数 t，按式（4.47）计算压缩因子 k。

$$k = \frac{2}{\left|2 - (c_1 + c_2) - \sqrt{(c_1 + c_2)^2 - 4(c_1 + c_2)}\right|} \tag{4.47}$$

（2）依据式（4.46）计算初始粒子群的适应度 $F(\boldsymbol{x}_i)$，将每个粒子的位置设定为初始

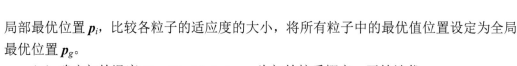

局部最优位置 $\boldsymbol{p}_i$，比较各粒子的适应度的大小，将所有粒子中的最优值位置设定为全局最优位置 $\boldsymbol{p}_g$。

（3）确定初始温度 $T_0 = F(\boldsymbol{p}_g)/\ln(p_r)$，$p_r$ 为初始接受概率，开始迭代。

（4）确定当前温度下各 $\boldsymbol{p}_i$ 的适配值 $\mathrm{TF}(\boldsymbol{p}_i)$：

$$\mathrm{TF}(p_i) = \frac{\mathrm{e}^{-(F(p_i)-F(p_g))/T}}{\displaystyle\sum_{i=1}^{N} \mathrm{e}^{-(F(p_i)-F(p_g))/T}} \qquad (4.48)$$

（5）采用轮盘赌选择策略接受新的全局最优位置 $\boldsymbol{p}_g$，即若 $\mathrm{TF}(p_i) > \mathrm{rand}$，则接受新的全局最优位置，否则保留原全局最优位置。

（6）按照式（4.49）更新粒子的速度 $\boldsymbol{v}_i$ 和位置 $\boldsymbol{x}_i$，并设置 $x_i \in [x_{\max}, x_{\min}]$ 限制粒子的范围，t 为迭代次数：

$$\begin{cases} v_{id}(t+1) = k\left(v_{id}(t) + c_1 r_1 (p_{id} - x_{id}(t)) + c_2 r_2 (p_{gd} - x_{id}(t))\right) \\ x_{id}(t+1) = x_{id}(t) + v_{id}(t), \ i = 1, 2, \cdots, N, \ d = 1, 2, \cdots, m \end{cases} \qquad (4.49)$$

式中：r_1 和 r_2 为[0, 1]的随机数。

（7）计算各个粒子新的适应度，更新 $\boldsymbol{p}_i$ 和 $\boldsymbol{p}_g$。

（8）执行退温指令，$T(t) = \lambda T(t+1)$。

（9）若解空间满足条件，则停止搜索，否则返回第（3）步继续搜索。

图 4.16 为 SAPSO 算法的流程图。

在获得阻容等效电路的参数后，在变压器端口侧加载交流电压 $U_0(\omega)$，则支路 i 的电流可以表示为

$$I_i(\omega) = \frac{U_0(\omega)}{\dfrac{R_{pi}}{1 + \mathrm{j}\omega R_{pi} C_{pi}} + \dfrac{R_{oi}}{1 + \mathrm{j}\omega R_{oi} C_{oi}}}, \ i = 1, 2, \cdots, n \qquad (4.50)$$

不同频率下，油纸绝缘系统的介质损耗因数 $\tan\delta(\omega)$ 可以表示为

$$\tan\delta(\omega) = \frac{\mathrm{real}(I_1(\omega) + I_2(\omega) + \cdots + I_i(\omega))}{\mathrm{imag}(I_1(\omega) + I_2(\omega) + \cdots + I_i(\omega))} \qquad (4.51)$$

式中：real、imag 分别表示实部和虚部。根据式（4.51），代入阻容等效电路参数辨识结果，改变外施交流电压的角频率 ω，计算不同频率下的 $\tan\delta(\omega)$，即可得到 FDS。

由于存在极化现象，绝缘电阻测量时间可以达到几小时不等。为了节约测量时间和保证辨识所得参数的准确度，选用测量时间为变压器 30 min 的绝缘电阻测量曲线进行参数辨识[190]，得到的阻容等效电路参数首先用于计算更长时间的绝缘电阻曲线，并与试验曲线比较以验证辨识所得参数的正确性，再用于计算 FDS，通过与试验曲线比较，来确定能够忽略偶极子极化损耗的频段。

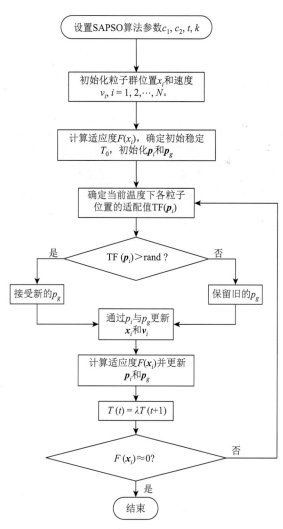

图 4.16　SAPSO 算法的流程图

　　试验对象为某 10 kV 的油浸式变压器。采用 UT513A 绝缘电阻仪对其进行绝缘电阻测量，并通过计算机实时记录测量曲线。采用介电频谱测量仪 IDAX300 测量变压器端口介电频谱，其测量环境温湿度为 9～12℃/30%，测量频率范围为 10^{-4}～10^{3} Hz。为了屏蔽表面电流干扰，在高低压端子瓷套上串联铜线与测量设备屏蔽端相连。表 4.3 为试验的接线设置，不同接线方式对应的油纸绝缘系统测量回路不同。绝缘电阻测量现场图如图 4.17 所示。

表 4.3　试验的接线设置

接线方式编号	高压端（+）	测量端（E）	屏蔽端（G）
1	高压绕组	低压绕组、外壳	高低压端子瓷套
2	低压绕组	高压绕组、外壳	高低压端子瓷套

(a) 接线方式1　　　　　　　　　　　(b) 接线方式2

图 4.17　绝缘电阻测量现场图

在等效电路和 SAPSO 算法参数设置中，将极化支路数设置为 5[105]，电容参数的范围设定为[10^{-13} F, 10^{-7} F]，电阻参数的范围为[10^{7} Ω，10^{13} Ω]。为了控制计算效率，将迭代终止次数，即进化次数设置为 1500 步，粒子的种群数为 40。为了保证算法的全局搜索能力，设置学习因子 $c_1 = 2.8$，$c_2 = 1.3$[191]。在模拟退火算法中，初始温度的大小对算法的全局搜索能力有较大的影响，初始温度足够高，降温过程足够慢，可以提升全局搜索能力，但搜索时间会有所增加，故需要采用基于适应度和接受概率的温度初始化方法：$T_0 = F(pg)/\ln(p_r)$，为了保证初期的粒子群多样化，初始接受概率取 0.2，而退火速度决定了算法的全局搜索能力，故将其设置为 $\lambda = 0.99$[190]。

将测量得到 30 min 绝缘电阻曲线的数据点代入式（4.46）的优化目标函数中，并利用 SAPSO 算法进行寻优求解。SAPSO 算法得到的 SAPSO 算法的适应度与标准粒子群算法的适应度的比较如图 4.18 所示，可以发现 SAPSO 算法的全局搜索能力远强于标准粒子群算法。

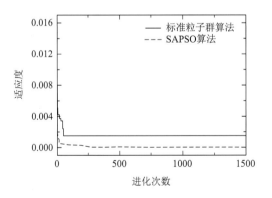

图 4.18　两种算法的适应度对比

　　SAPSO 算法辨识得到的阻容等效电路参数如表 4.4 所示，绝缘电阻曲线和 FDS 曲线实测曲线与采用表 4.4 中参数计算得到的绝缘电阻曲线和 FDS 曲线的比较如图 4.19 所示。注意到本书以 30 min 绝缘电阻曲线为输入辨识等效电路中的参数，然后基于这些参数对更长时间的绝缘电阻曲线进行计算，并与实测曲线进行比较，以验证辨识参数的有效性。

表 4.4　SAPSO 算法辨识得到的阻容等效电路参数辨识

接线方式 1				
支路		电阻/GΩ		电容/pF
1	R_{p1}	589.04	C_{p1}	4660.8
	R_{o1}	47.98	C_{o1}	264.60
2	R_{p2}	518.96	C_{p2}	21859
	R_{o2}	83.54	C_{o2}	2586.3
3	R_{p3}	296.88	C_{p3}	3291.3
	R_{o3}	9.65	C_{o3}	92.27
4	R_{p4}	294.57	C_{p4}	10987
	R_{o4}	808.98	C_{o4}	10.99
5	R_{p5}	3.30	C_{p5}	16.02
	R_{o5}	734.75	C_{o5}	93.43
接线方式 2				
支路		电阻/GΩ		电容/pF
1	R_{p1}	8762.81	C_{p1}	177.76
	R_{o1}	100	C_{o1}	22935.17
2	R_{p2}	9703.54	C_{p2}	15518.58
	R_{o2}	54.91	C_{o2}	14025.89
3	R_{p3}	6892.62	C_{p3}	7408.96
	R_{o3}	31.23	C_{o3}	795.64
4	R_{p4}	1000	C_{p4}	70.41
	R_{o4}	8748.45	C_{o4}	0.30
5	R_{p5}	147.75	C_{p5}	663.29
	R_{o5}	0.09	C_{o5}	1000

　　由图 4.19 可知，用 SAPSO 算法辨识参数计算得到的绝缘电阻曲线与测量曲线几乎重合，证明该算法的有效性和辨识参数的正确性，而测量和仿真所得 FDS 曲线总体趋势

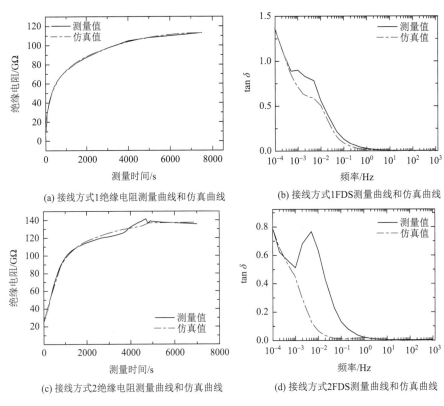

(a) 接线方式1绝缘电阻测量曲线和仿真曲线

(b) 接线方式1FDS测量曲线和仿真曲线

(c) 接线方式2绝缘电阻测量曲线和仿真曲线

(d) 接线方式2FDS测量曲线和仿真曲线

图 4.19　绝缘电阻和 FDS 测量曲线与仿真曲线比较

相近，5×10^{-4} Hz 以下，曲线基本吻合。而 $5 \times 10^{-4} \sim 10^3$ Hz 频段内，测量曲线先增大再减小，仿真曲线始终低于测量曲线。造成这一现象的原因，除了测量结果本身存在一定误差，还由于低频下，即 $\omega \approx 0$，各种极化均可以充分地建立起来，不会产生偶极子极化损耗。当 $\omega\tau \approx 1$ 时，外加的电压或者电场的周期与偶极子极化时间常数 τ 接近，偶极子极化损耗开始增加，因此试验曲线会出现上升。随着频率的增加，电压或电场变化逐渐加快，极化来不及建立，因此损耗又逐渐降低，试验曲线逐渐下降。实际测量所得的 FDS 包含了电导损耗和偶极子极化损耗、界面极化损耗等各类极化损耗，而本书建立的油纸绝缘低频阻容等效电路模型反映的是电导损耗和低频下的界面极化损耗，忽略了偶极子极化损耗，因此计算所得曲线在低频忽略极化损耗的情况下，能与测量曲线相吻合，但在 5×10^{-4} Hz 以上的频段总是低于测量曲线。

2. 相对介电常数反演输入量

综上，小于 5×10^{-4} Hz 的频段可以忽略偶极子极化损耗对介质损耗因数 $\tan\delta(\omega)$ 的影响，即采用有限元时谐场仿真正演计算 $\tan\delta(10^{-4}\ \text{Hz})$ 时可以不考虑偶极子极化损耗的影响，降低了仿真的难度和计算量。

将选择 $\tan\delta(10^{-4}\,\mathrm{Hz})$ 作为反演 $\varepsilon'(10^{-4}\,\mathrm{Hz})$ 端口输入量的理由总结如下：

（1）类比直流情况下的端口绝缘电阻，在交流电压激励下，油纸绝缘的端口电容既与材料相对介电常数相关，也与其电阻率、介质极化损耗相关，并不能单独地反映其相对介电常数的变化。

（2）与端口电容相似，介质损耗因数 $\tan\delta(\omega)$ 也由电阻率、相对介电常数、介质极化损耗等共同决定，但不受绝缘结构的影响。

（3）根据第 2 章的分析，低频相对介电常数 $\varepsilon'(10^{-4}\,\mathrm{Hz})$ 被视为表征油浸纸受潮程度的特征量，反演 $\varepsilon'(10^{-4}\,\mathrm{Hz})$ 理应采用与其频率相同的 $\tan\delta(10^{-4}\,\mathrm{Hz})$。

（4）油纸绝缘在交流电场下的介质损耗主要包含了电导损耗、偶极子极化损耗和界面极化损耗，而考虑偶极子极化会增加反演的复杂程度和计算量。经过理论分析，低频下的 $\tan\delta(\omega)$ 可以忽略偶极子极化损耗，因此选择低频 $\tan\delta(\omega)$ 可以从源头降低仿真误差和难度。基于变压器油纸绝缘低频阻容等效电路的计算结果表明，当频率低于 $5\times10^{-3}\,\mathrm{Hz}$ 时，可以忽略偶极子极化损耗对油纸绝缘 $\tan\delta(\omega)$ 的影响，而 $10^{-4}\,\mathrm{Hz}$ 属于可以忽略偶极子极化损耗的频段内，即 $\tan\delta(10^{-4}\,\mathrm{Hz})$ 可以忽略偶极子极化损耗的影响。

综上，反演 $\varepsilon'(10^{-4}\,\mathrm{Hz})$，应采用 $\tan\delta(10^{-4}\,\mathrm{Hz})$ 作为端口输入量。同时，由于低频 $\tan\delta(\omega)$ 与其频率、电阻率和相对介电常数密切相关，在反演相对介电常数时，各区域油浸纸的电阻率也必须作为输入量，而电阻率可以提前由反演计算获得。

4.3.2 多区域油浸纸相对介电常数恰定反演

与电阻率反演类似，若将变压器内部油浸纸划分为 N 个区域，频率为 f 时，变压器油电阻率 ρ_{oil}、相对介电常数 $\varepsilon'_{\mathrm{oil}}(f)$ 已知时，可以采用有限元时谐场仿真建立起各区域油浸纸电阻率 ρ 和相对介电常数 $\varepsilon'(f)$ 到端口介质损耗因数 $\tan\delta(f)$ 之间的非线性映射关系：

$$\begin{cases} H_1[\varepsilon'_1(f),\varepsilon'_2(f),\cdots,\varepsilon'_N(f),\rho_1,\rho_2,\cdots,\rho_N]=\tan\delta_1(f) \\ H_2[\varepsilon'_1(f),\varepsilon'_2(f),\cdots,\varepsilon'_N(f),\rho_1,\rho_2,\cdots,\rho_N]=\tan\delta_2(f) \\ \qquad\qquad\cdots\cdots \\ H_N[\varepsilon'_1(f),\varepsilon'_2(f),\cdots,\varepsilon'_N(f),\rho_1,\rho_2,\cdots,\rho_N]=\tan\delta_N(f) \\ \qquad\qquad\cdots\cdots \\ H_M[\varepsilon'_1(f),\varepsilon'_2(f),\cdots,\varepsilon'_N(f),\rho_1,\rho_2,\cdots,\rho_N]=\tan\delta_M(f) \end{cases} \quad(4.52)$$

式中：$\rho_1,\rho_2,\cdots,\rho_N$ 表示 N 个不同区域油浸纸的电阻率；$\varepsilon'_1(f),\varepsilon'_2(f),\cdots,\varepsilon'_N(f)$ 表示 N 个不同区域油浸纸的 $(f)\mathrm{Hz}$ 相对介电常数；$\tan\delta_1(f),\tan\delta_2(f),\cdots,\tan\delta_N(f),\cdots,\tan\delta_M(f)$ 表示 M 个不同的端口 $(f)\mathrm{Hz}$ 介质损耗因数，其可以通过施加频率为 f 的交流电压测量获得；$H_1[\bullet],H_2[\bullet],\cdots,H_N[\bullet],\cdots,H_M[\bullet]$ 为两者之间的有限元时谐场仿真过程或由时谐场仿真建立起的映射关系，在本书中，$f=10^{-4}\,\mathrm{Hz}$ 为已知频率值。

由于油浸纸电阻率 ρ 可以依据 3.3 节的恰定反演方法计算得到，继而可以作为反演相对介电常数的已知量，再令 $M=N$，式（4.52）可以改为

$$\begin{cases} H_1[\varepsilon_1'(f), \varepsilon_2'(f), \cdots, \varepsilon_N'(f)] = \tan\delta_1(f) \\ H_2[\varepsilon_1'(f), \varepsilon_2'(f), \cdots, \varepsilon_N'(f)] = \tan\delta_2(f) \\ \qquad\qquad \cdots\cdots \\ H_N[\varepsilon_1'(f), \varepsilon_2'(f), \cdots, \varepsilon_N'(f)] = \tan\delta_N(f) \end{cases} \tag{4.53}$$

仍然以 NRM 为基础对油浸纸相对介电常数进行反演,只需将电阻率迭代公式(4.16)改写成

$$\varepsilon_{k+1}'(f) = \boldsymbol{J}_k^{-1} \times \Delta\tan\boldsymbol{\delta}_k(f) + \varepsilon_k'(f), \ k = 0, 1, 2, \cdots \tag{4.54}$$

式中:$\varepsilon_{k+1}'(f)$ 与 $\varepsilon_k'(f)$ 分别为第 $k+1$ 次和第 k 次迭代得到的各区域相对介电常数组成的列向量;$\boldsymbol{J}_k$ 为雅可比矩阵;$\Delta\tan\boldsymbol{\delta}_k(f) = \tan\boldsymbol{\delta}(f) - \boldsymbol{H}_k[\varepsilon_k(f)]$。

同样,可以采用 NDM 和 Broyden 法改进 NRM 的收敛性,提高整个算法的计算精度和效率。其相对介电常数迭代公式如下:

$$\varepsilon_{k+1}'(f) = \lambda\boldsymbol{B}_k^{-1} \times \Delta\tan\boldsymbol{\delta}_k(f) + \varepsilon_k'(f), \quad k = 0, 1, 2, \cdots \tag{4.55}$$

仍以图 4.4 中的二维模型为例说明相对介电常数的反演过程,分区方式不变,据此,式(4.17)可以改写为

$$\begin{cases} H_1[\varepsilon_1'(f), \varepsilon_2'(f), \varepsilon_3'(f)] = \tan\delta_{\text{H-LS}}(f) \\ H_2[\varepsilon_1'(f), \varepsilon_2'(f), \varepsilon_3'(f)] = \tan\delta_{\text{L-HS}}(f) \\ H_3[\varepsilon_1'(f), \varepsilon_2'(f), \varepsilon_3'(f)] = \tan\delta_{\text{HL-S}}(f) \end{cases} \tag{4.56}$$

式中:$\tan\delta_{\text{H-LS}}$、$\tan\delta_{\text{L-HS}}$、$\tan\delta_{\text{HL-S}}$ 分别为高压对低压绕组和外壳、低压对高压绕组和外壳、高低压绕组对外壳的介质损耗因数。以 $\tan\delta_{\text{H-LS}}$ 正演计算为例,设置好油的电气参数和各区域油浸纸的电气参数,仿真计算时,采用有限元时谐场仿真,高压绕组单元节点施加高电位,低压和外壳单元节点施加 0 电位,通过提取高压绕组表面节点电流的实部 I_r 和虚部 I_c 来计算 $\tan\delta_{\text{H-LS}} = I_r/I_c$。

仿真中,频率设置为 $f = 10^{-4}$ Hz,将三个不同区域的油浸纸相对介电常数实际值预设为 $\varepsilon_1'(10^{-4}$ Hz$) = 25$、$\varepsilon_2'(10^{-4}$ Hz$) = 30$、$\varepsilon_3'(10^{-4}$ Hz$) = 35$。三个区域的油浸纸电阻率设置与之前相同,即 $\rho_1 = 1 \times 10^{14}$ Ω·m,$\rho_2 = 5 \times 10^{13}$ Ω·m,$\rho_3 = 1 \times 10^{13}$ Ω·m。油的电阻率与低频相对介电常数设置为 1×10^{12} Ω·m 和 2.2。参数设置完毕后,采用表 4.1 中三种不同接线方式,通过有限元时谐场仿真得到的 10^{-4} Hz 下变压器各端口介质损耗因数(表 4.5),并将其设置为实际测量值分别输入 NRM 和 NDM-Broyden 法中对三个区域的油浸纸相对介电常数进行反演,观察反演值是否能够收敛于预设的实际值,并比较两种算法的区别。由于实际中油的电阻率和低频相对介电常数可以通过测量获得,而三个区域油浸纸的电阻率可以由反演获得,在反演过程中,将油浸纸的电阻率、油的电阻率和低频相对介电常数一并作为已知输入。迭代终止误差 $\sigma = 0.1\%$;相对介电常数上下限设置为[1, 50]。同样,为了比较不同初值对两种反演算法的影响,分别设置初值 $\varepsilon_0' = 25$、40、55。不同初值相对介电常数的迭代反演过程和误差范数 $\|\boldsymbol{E}_r\|$ 变化如图 4.20 和图 4.21 所示。图中三个区域相对介电常数以 ε_1'、ε_2'、ε_3' 表示。

表 4.5　仿真所得各端口 10^{-4} Hz 介质损耗因数

端口介质损耗因数	计算值
$\tan \delta_{\text{H-LS}}$	1.644
$\tan \delta_{\text{L-HS}}$	1.108
$\tan \delta_{\text{HL-S}}$	1.954

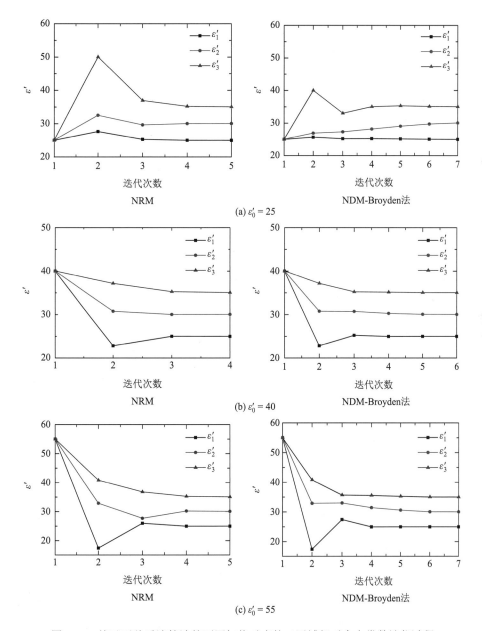

图 4.20　基于两种反演算法的不同初值对应的三区域相对介电常数迭代过程

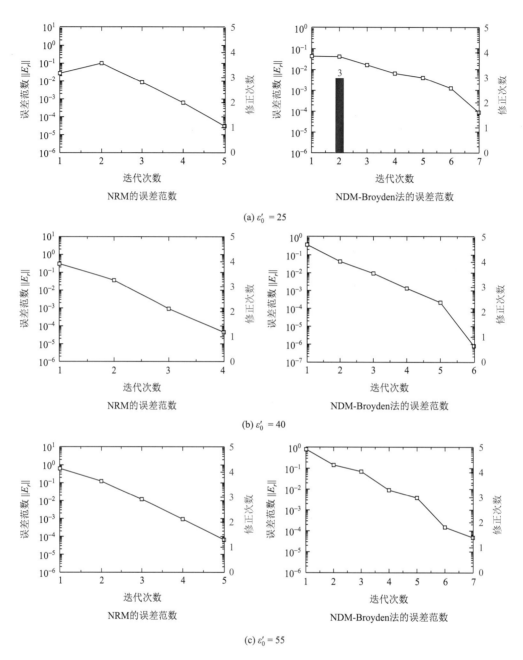

(a) $\varepsilon'_0 = 25$

(b) $\varepsilon'_0 = 40$

(c) $\varepsilon'_0 = 55$

图 4.21　基于两种反演算法的不同初值对应的误差范数$\|E_r\|$的变化

　　由图 4.20 可知，不同初值下，两种反演算法均收敛至实际预设值，这主要是因为在老化或受潮时，相对介电常数的变化范围较之电阻率要小，并没有超过一个数量级，因此，不同的初值对相对介电常数的影响较小。结合图 4.21（a）也可以发现，当 $\varepsilon_0 = 25$ 时，NRM 的误差范数$\|E_r\|$先增加，而后下降至终止误差，而 NDM-Broyden 法的误差范数$\|E_r\|$始终单调递减，并在迭代至第二步时修正了 3 次，使得其相对介电常数的反演迭

代较 NRM 更加平滑。如图 4.21（b）与（c）所示，对于其余初值，两种算法对应的误差范数$\|\boldsymbol{E}_r\|$均单调下降，而采用 NDM-Broyden 法的反演迭代步数始终多于 NRM。

综上，与反演电阻率类似，NDM-Broyden 法依旧适用于相对介电常数的反演，同时，由于相对介电常数变化范围较电阻率小，NDM 对$\|\boldsymbol{E}_r\|$的修正功能并没有发挥显著的作用。本章所提出的变压器油浸纸参数分区恰定反演方法的整体流程如图 4.22 所示，即首先建立起变压器油纸绝缘有限元模型并划分 N 个区域，设置各区域油浸纸电阻率初值 ρ_0；将测量得到的 N 个端口绝缘电阻和油电阻率一并代入变压器油浸纸电阻率分区恰定反演模型中，反演得到各区域油浸纸电阻率 ρ；设置各区域油浸纸相对介电常数初值 ε_0，将反演得到的 ρ 视为已知量，与测量得到的 N 个端口介质损耗因数和油电气参数一并代入变压器油浸纸相对介电常数分区恰定反演模型中，反演得到各区域油浸纸电阻率 $\varepsilon'(10^{-4}\ \text{Hz})$。

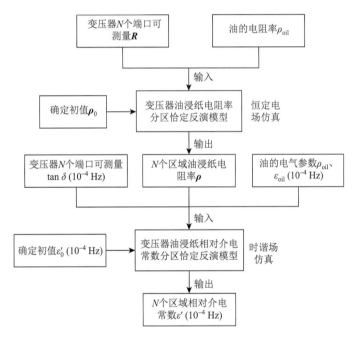

图 4.22 变压器油浸纸参数分区恰定反演方法的整体流程图

4.4 XY 模型验证

XY 模型是既能反映变压器油纸绝缘介电响应特性，又能体现变压器主绝缘结构的等效模型。基于 XY 模型的结构特点，制作了由不同聚合度和含水量油浸纸样搭建的 XY 样品模型，以验证提出的参数分区恰定反演方法与基于聚合度-含水量状态辨识模型的油浸纸老化和受潮评估方法。

4.4.1 模型搭建

变压器主绝缘系统主要由绝缘纸板、撑条和油隙构成，如图 4.23（a）所示，可以将其等效成 XY 模型，大大简化油纸绝缘系统的复杂性，如图 4.23（b）所示。其中，X 值为纸板总厚度与高低压绕组之间主绝缘厚度之比，Y 值为撑条总宽度与高低压绕组间主绝缘平均周长之比[135]。

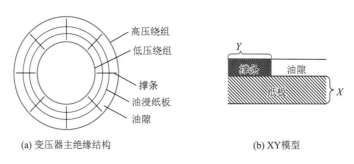

(a) 变压器主绝缘结构   (b) XY模型

图 4.23　变压器主绝缘结构及 XY 模型

为模拟图 4.23（b）的 XY 模型结构中的油浸纸板、撑条和油隙，本章的 XY 模型由 2 张绝缘纸板和 1 张圆环纸板构成，其厚度均为 1 mm，如图 4.24 所示。采用纸板-圆环-纸板的结构构建 XY 模型，测量三电极系统与第 2 章相同，如图 4.25 所示。

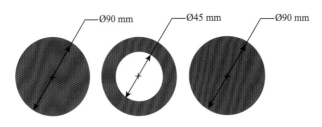

图 4.24　纸板和圆环纸板

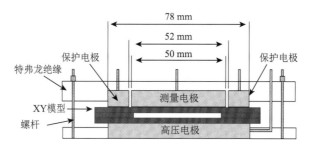

图 4.25　XY 模型试验布置

为了验证油浸纸参数恰定分区反演方法，将上下两油浸纸板视为需要反演电气参数的未知区域，圆环纸板视为已知区域，并对上纸板进行老化和吸湿处理。通过测量 XY 模型的端口输入量和油的电气参数来反演上下两油浸纸板的电气参数，用于老化和受潮状态评估，并与实测值进行比较。

测量过程中共采用了 4 张油浸纸板和 1 张圆环纸板，分别记为 P1#、P2#、P3#、P4# 和 YH1#，其中，P1#、P2#、YH1#均为未老化干燥样品，其预处理过程参考第 2 章 2.2 节；P3#为在 140℃、氮气条件老化 20 d 后的干燥样品；P4#为 P3#在 70%/25℃下吸湿 8 h 左右的老化受潮样品；YH1#由于被剪裁无法测量，其电气参数取其同一批样本的平均值。各个油浸纸板的电气和理化参数在试验完成后都进行了测量，其相对介电常数 $\varepsilon'(10^{-4}\ \mathrm{Hz})$、电阻率 ρ、含水量和 DP 的测量值列于表 4.6 中。

表 4.6　P1#、P2#、P3#、P4#和 YH1#的电气和理化参数实测值

样品编号	$\varepsilon'/(10^{-4}\ \mathrm{Hz})$	$\rho/(\Omega\cdot\mathrm{m})$	DP	含水量/%
P1#	4.52	1.63×10^{14}	899	0.22
P2#	4.16	1.47×10^{14}	906	0.24
P3#	6.13	4.33×10^{13}	434	0.95
P4#	13.7	9.90×10^{12}	434	2.01
YH1#	4.33	1.28×10^{14}	未老化	<1%

按照图 4.25 中的布置，通过 P1#、P2#、P3#、P4#和 YH1#的组合获得如下 3 组 XY 模型。

（1）XY 模型 I（从下到上）：P1#、YH1#、P2#。

（2）XY 模型 II（从下到上）：P1#、YH1#、P3#。

（3）XY 模型 III 从下到上）：P1#、YH1#、P4#。

可以看出，3 组 XY 模型的上油浸纸板分别代表了不同的老化和受潮程度。

4.4.2　接线方式和端口输入量的测量

由于每组 XY 模型有两个区域需要反演，根据恰定反演方法，需要两个端口输入量，所以采用两种接线方式分别测量绝缘电阻 R 和介质损耗因数 $\tan\delta(10^{-4}\ \mathrm{Hz})$，接线方式如表 4.7 所示，接线方式如图 4.26 所示。

表 4.7　接线方式

接线方式	高压端	测量端	屏蔽端
1	高压电极	低压电极	保护电极
2	保护电极	高压电极	低压电极

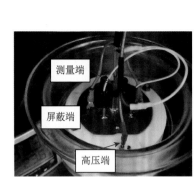

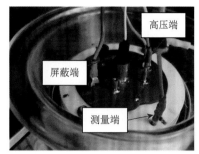

(a) 接线方式1   (b) 接线方式2

图 4.26　接线方式

两种接线方式测量所获得的 R、$\tan\delta(10^{-4}\,\mathrm{Hz})$ 及油的电阻率 ρ_{oil}、相对介电常数 $\varepsilon'_{\mathrm{oil}}(10^{-4}\,\mathrm{Hz})$ 如表 4.8 所示。不同接线方式下端口输入量的试验曲线如图 4.27～图 4.29 所示，R 取极化电流末端值计算。极化电流测量电压为 200 V，FDS 测量电压有效值为 140 V，测量时先进行频域介电响应测量，再进行时域介电响应测量。

表 4.8　不同 XY 模型组别的端口输入量和油电气参数测量值

XY 模型组别	接线方式	R/Ω	$\tan\delta/(10^{-4}\,\mathrm{Hz})$	$\rho_{\mathrm{oil}}/\varepsilon'_{\mathrm{oil}}/(10^{-4}\,\mathrm{Hz})$
I	1	1.56×10^{14}	0.32	$4.20\times10^{12}\ \Omega\cdot\mathrm{m}/4.26$
	2	2.46×10^{13}	1.45	
II	1	9.90×10^{13}	0.53	$5.69\times10^{12}\ \Omega\cdot\mathrm{m}/3.78$
	2	2.50×10^{13}	1.26	
III	1	5.81×10^{13}	0.61	$2.01\times10^{12}\ \Omega\cdot\mathrm{m}/7.60$
	2	1.03×10^{13}	2.26	

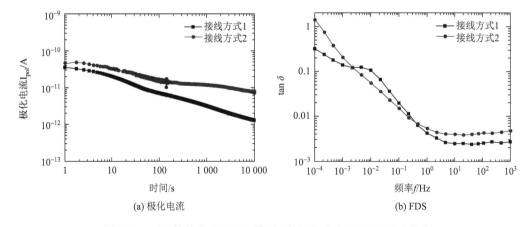

(a) 极化电流   (b) FDS

图 4.27　不同接线方式下 XY 模型 I 的极化电流和 FDS 测量曲线

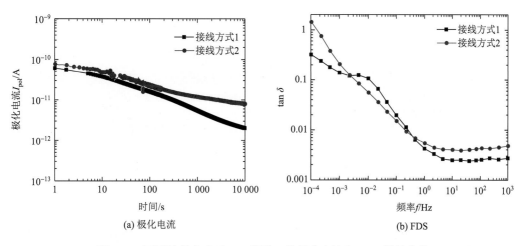

图 4.28　不同接线方式下 XY 模型 II 的极化电流和 FDS 测量曲线

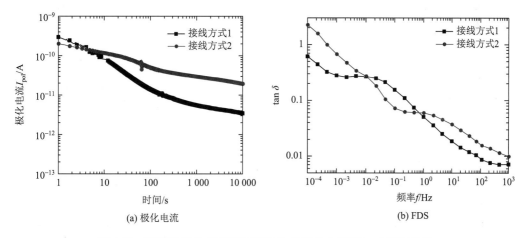

图 4.29　不同接线方式下 XY 模型 III 的极化电流和 FDS 测量曲线

4.4.3　有限元模型和反演结果

由于测量电极装置为轴对称模型，所以可以采用轴对称建模的方式来减少单元量，按照图 4.25 中的电极尺寸建模，XY 模型的有限元建模和剖分图如图 4.30 所示。由于电极为金属不参与电场计算，所以没有对其进行剖分。对电极间的纸板和油隙部分进行了密集剖分，网格尺寸为 0.5 mm，三电极由绝缘油包裹，剖分尺寸为 2 mm，存放绝缘油的圆柱玻璃容器直径为 150 mm，高 50 mm。

对 XY 模型 I 进行反演，由于 XY 模型 I 中的油浸纸板全部由未老化干燥的样品组成，而根据第 2 章样品试验结果可知其电气参数的大致范围，所以，将电阻率反演的初值设置为 1×10^{14} Ω·m，相对介电常数反演初值设置为 4。电阻率上下限设置为 $[1 \times 10^{11}$ Ω·m，1×10^{16} Ω·m]，相对介电常数上下限设置为[1, 50]。反演流程与图 4.22 相

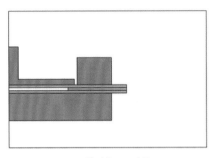

(a) XY模型有限元建模

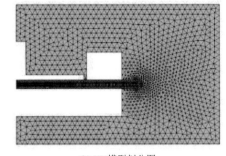

(b) XY模型剖分图

图 4.30　XY 模型有限元建模和剖分图

同：首先将端口可测量 R 和 ρ_{oil} 输入电阻率分区恰定反演模型中，得到各区域的 ρ，继而与端口可测量 $\tan\delta(10^{-4}\,\text{Hz})$、$\rho_{\text{oil}}$、$\varepsilon'_{\text{oil}}(10^{-4}\,\text{Hz})$ 一起输入相对介电常数分区恰定反演模型中，反演 2 个区域的 $\varepsilon'(10^{-4}\,\text{Hz})$。XY 模型 I 参数分区恰定反演迭代过程如图 4.31 所示。电阻率和相对介电常数在经过 10 次、4 次迭代后收敛。需要说明的是，对于实际反演问题，迭代终止的条件为当连续数次迭代的反演结果或误差范数的相对误差小于终止误差时，立即停止迭代。

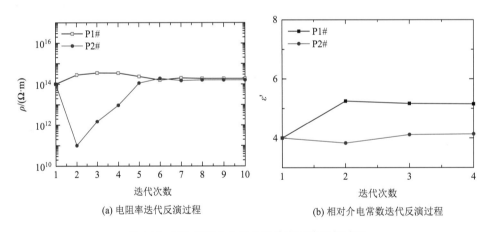

(a) 电阻率迭代反演过程　　　　　　　　(b) 相对介电常数迭代反演过程

图 4.31　XY 模型 I 参数分区恰定反演迭代过程

　　由于 XY 模型 II 中的 P3#是老化 20 d 后的干燥纸板，根据第 2 章样品试验结果可知其电气参数的大致范围，所以，将上下纸板 P3#、P1#的电阻率反演初值设置为 $1\times10^{13}\,\Omega\cdot\text{m}$、$1\times10^{14}\,\Omega\cdot\text{m}$，相对介电常数反演初值均设置为 4。基于上述参数初值的 XY 模型 II 参数分区恰定反演迭代过程如图 4.32 所示。

　　在 XY 模型 III 中，P1#未变更，P4#是由 P3#自然吸湿后而得到的，因此，将 XY 模型 II 中 P1#、P3#的反演结果作为反演 XY 模型 III 时的参数初值，XY 模型 III 参数分区恰定反演迭代过程如图 4.33 所示。

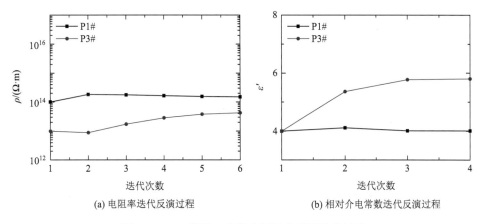

(a) 电阻率迭代反演过程　　　　　　　　　　(b) 相对介电常数迭代反演过程

图 4.32　XY 模型 II 参数分区恰定反演迭代过程

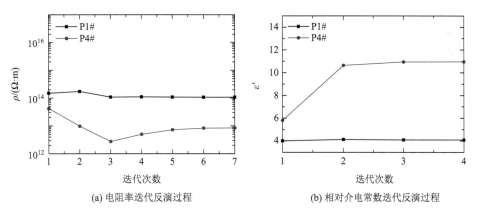

(a) 电阻率迭代反演过程　　　　　　　　　　(b) 相对介电常数迭代反演过程

图 4.33　XY 模型 III 参数分区恰定反演迭代过程

4.4.4　不同 XY 模型老化和受潮状态评估

将 XY 模型 I、II、III 的参数反演结果和实际老化、受潮类别列于表 4.9 中。可见，三个 XY 模型上下油浸纸板的电气参数反演结果与表 4.6 中各油浸纸板的实测值相近。

表 4.9　XY 模型 I、II、III 的参数反演结果和实际老化、受潮状态类别

XY 模型组别	纸板编号	$\rho/(\Omega \cdot m)$	$\varepsilon'/(10^{-4}\,Hz)$	实际老化和受潮状态类别
I	P1#	1.87×10^{14}	5.15	1
	P2#	1.59×10^{14}	4.13	1
II	P1#	1.51×10^{14}	4.01	1
	P3#	4.25×10^{13}	5.80	9
III	P1#	1.08×10^{14}	4.09	1
	P4#	8.47×10^{12}	10.96	11

最后,采用 3.6 节中基于 ρ 和 $\varepsilon'(10^{-4}\,\text{Hz})$ 的油浸纸聚合度-含水量状态辨识模型对 XY 模型中的油浸纸板进行状态分类,得到分类结果如图 4.34 所示,并与真实类别进行了比较。由图 4.34 可见,XY 样品模型不同区域油浸纸板的老化和受潮状态分类正确,初步验证了油浸纸聚合度-含水量状态辨识模型及参数分区恰定反演算法的有效性。

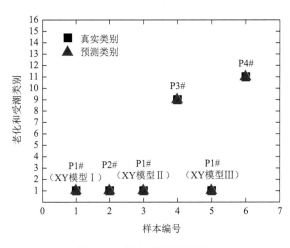

图 4.34　样本类别预测结果

4.5　本　章　小　结

本章研究了变压器油浸纸参数分区恰定反演的方法,首先以电阻率反演为例,结合变压器油纸绝缘二维轴对称模型有限元仿真,以变压器油电阻率、各端口绝缘电阻为反演输入量,提出了变压器内油浸纸电阻率分区恰定反演方法。仿真结果表明,基于 NRM 的反演算法过于依赖初值,只有当初值选择恰当时可以有效地反演各区域电阻率,而引入下山因子的 NDM 通过限制误差范数 $\|\boldsymbol{E}_r\|$ 单调下降,可以有效地降低 NRM 对初值的依赖,提高算法的收敛性,但其对每次迭代 $\|\boldsymbol{E}_r\|$ 的修正会增加计算量。Broyden 法以近似矩阵 $\boldsymbol{B}$ 代替 NRM 和 NDM 的雅可比矩阵 $\boldsymbol{J}$,降低了有限元计算次数,提高了计算效率。因此将 NDM 和 Broyden 法相结合的 NDM-Broyden 法既具有 NDM 收敛稳定、精度高的特点,又保留了 Broyden 法计算效率高的优势,提升了反演算法的应用范围。

由于低频相对介电常数 $\varepsilon'(10^{-4}\,\text{Hz})$ 可以作为区分老化和水分对电阻率影响的特征量,本章在电阻率反演方法的基础上提出相对介电常数反演方法,以变压器油电气参数、各端口低频下介质损耗因数 $\tan\delta(10^{-4}\,\text{Hz})$ 作为输入量,反演其内部不同区域油浸纸的 $\varepsilon'(10^{-4}\,\text{Hz})$。$\tan\delta(\omega)$ 中包含了电导损耗及界面极化、偶极子极化损耗等极化损耗,而考虑偶极子极化会增加反演的复杂程度和计算量,同时偶极子极化损耗随频率而变化,在低频下可忽略,为了降低正演计算 $\tan\delta(10^{-4}\,\text{Hz})$ 的难度和计算量,需要确定 $10^{-4}\,\text{Hz}$ 是否处于可以忽略偶极子极化损耗的低频频段内。为此,本章基于变压器油纸绝缘低频阻容等效电路和 SAPSO 算法参数辨识，结合配电变压器确定了小于 5×10^{-4} Hz 的低频段为可以忽略偶极子极化损耗的频段，故 $\tan\delta(10^{-4}\,\mathrm{Hz})$ 可以忽略偶极子极化损耗的影响。同时，由于 $\tan\delta(\omega)$ 还与电阻率相关，在反演 $\varepsilon'(10^{-4}\,\mathrm{Hz})$ 时需要将反演得到的各区域电阻率 ρ 一起作为输入量。

经验证，基于 NDM-Broyden 法的分区恰定反演方法同样适用于对变压器内不同区域油浸纸 $\varepsilon'(10^{-4}\,\mathrm{Hz})$ 的反演。同时，由于相对介电常数变化范围较电阻率小，NDM 对 $\|\boldsymbol{E}_r\|$ 的修正功能并没有发挥显著的作用。

最后基于 XY 样品模型，采用参数分区恰定反演方法对其上下油浸纸板的电气参数 ρ 和 $\varepsilon'(10^{-4}\,\mathrm{Hz})$ 进行了反演计算，并结合油浸纸聚合度-含水量状态辨识模型对不同区域油浸纸板的老化和受潮状态进行分类，初步验证了所提出的变压器油浸纸参数分区恰定反演方法及聚合度-含水量状态辨识模型的有效性。

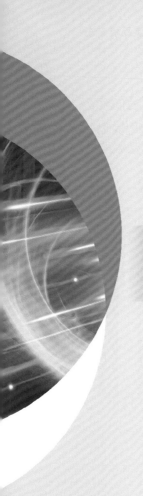

第 5 章

变压器油浸纸参数分区超定反演方法和初值确定

在实际测量中，变压器的端口输入量势必伴有测量噪声，这会导致反演中恰定方程组出现病态，使反演问题的解发散。同时，对于绝缘状态未知的变压器，也很难确定其内部油浸纸的参数反演初值。因此，本章建立反演计算的超定方程组，采用最小二乘法将输入噪声平均化，提升算法的鲁棒性。同时，基于反向传播（back propagation，BP）神经网络确定反演参数的初值，进一步提升计算效率。本章为后续配电变压器油浸纸参数分区反演和状态评估的实际应用奠定基础。

5.1　基于超定方程组的多区域油浸纸电阻率反演

为了探究端口输入量噪声对于反演结果的影响，以仿真为例，对第 4 章表 4.2 中的端口绝缘电阻输入量随机加入±10%以内的噪声，如表 5.1 所示。将表 5.1 中的输入量代入反演模型中，利用 NDM-Broyden 法对 3 个区域电阻率进行计算，得到反演值和实际预设值的比较如表 5.2 所示。需要说明的是，输入量存在噪声导致最终的反演值难以收敛至实际预设值，所以迭代终止的条件为当连续数次迭代的电阻率或误差范数的相对误差小于终止误差时，立即停止迭代。

表 5.1　附加随机噪声后的各端口绝缘电阻值

端口绝缘电阻	计算值/Ω	随机误差/%	附加随机误差后的计算值/Ω
$R_{\text{H-LS}}$	2.159×10^{10}	-5.18	2.047×10^{10}
$R_{\text{L-HS}}$	9.916×10^{10}	-0.86	9.831×10^{10}
$R_{\text{HL-S}}$	2.163×10^{10}	$+8.33$	2.344×10^{10}

表 5.2　恰定方程组下输入量附加随机噪声后的电阻率反演值与实际预设值比较

电阻率	附加随机误差后的反演值/(Ω·m)	实际预设值/(Ω·m)	相对误差/%
ρ_1	3.225×10^{14}	1×10^{14}	222.50
ρ_2	1.958×10^{13}	5×10^{13}	60.84
ρ_3	1.034×10^{13}	1×10^{13}	3.40

由表 5.2 可知，区域 1 的电阻率 ρ_1 的反演值与实际预设值的相对误差高达 222.50%，可见输入量噪声对反演结果的影响较大。第 4 章求解的方程组为恰定方程组，而输入量噪声导致恰定方程组病态，进而导致结果发散。为了减少反演结果对输入量的过度依赖，本节引入超定方程组思想，构建方程组数目大于未知数个数的超定方程组，并采用最小二乘法对其进行求解，将输入量噪声平均化。

以 $M\times N$ 非线性方程组为例，$M>N$，将式（4.4）在初值 $\boldsymbol{\rho}_0 = (\rho_{01}, \rho_{02}, \cdots, \rho_{0N})^{\text{T}}$ 处按泰勒级数展开：

$$\begin{cases} F_1(\boldsymbol{\rho}_0)+\sum_{i=1}^{N}\dfrac{\partial F_1(\boldsymbol{\rho}_0)}{\partial\rho_i}(\rho_i-\rho_{i0})\approx R_1 \\[2mm] F_2(\boldsymbol{\rho}_0)+\sum_{i=1}^{N}\dfrac{\partial F_2(\boldsymbol{\rho}_0)}{\partial\rho_i}(\rho_i-\rho_{i0})\approx R_2 \\[2mm] \qquad\cdots\cdots \\[2mm] F_M(\boldsymbol{\rho}_0)+\sum_{i=1}^{N}\dfrac{\partial F_M(\boldsymbol{\rho}_0)}{\partial\rho_i}(\rho_i-\rho_{i0})\approx R_M \end{cases} \qquad (5.1)$$

将式（5.1）写成向量形式：

$$J_{M \times N} \times \begin{bmatrix} \Delta\rho_1 \\ \Delta\rho_2 \\ \vdots \\ \Delta\rho_N \end{bmatrix}_{N \times 1} = \begin{bmatrix} \Delta R_1 \\ \Delta R_2 \\ \vdots \\ \Delta R_M \end{bmatrix}_{M \times 1} \tag{5.2}$$

式中：$\Delta\rho_i = \rho_i - \rho_{0i}$，$i = 1, 2, \cdots, N$；$\Delta R_i = R_i - F_i(\rho_0)$，$i = 1, 2, \cdots, M$；$J_{M \times N}$ 为雅可比矩阵：

$$J_{M \times N} = \begin{bmatrix} \dfrac{\partial F_1(\boldsymbol{\rho}_0)}{\partial \boldsymbol{\rho}_1} & \dfrac{\partial F_1(\boldsymbol{\rho}_0)}{\partial \boldsymbol{\rho}_2} & \cdots & \dfrac{\partial F_1(\boldsymbol{\rho}_0)}{\partial \boldsymbol{\rho}_N} \\ \vdots & \vdots & \vdots & \vdots \\ \dfrac{\partial F_M(\boldsymbol{\rho}_0)}{\partial \boldsymbol{\rho}_1} & \dfrac{\partial F_M(\boldsymbol{\rho}_0)}{\partial \boldsymbol{\rho}_2} & \cdots & \dfrac{\partial F_M(\boldsymbol{\rho}_0)}{\partial \boldsymbol{\rho}_N} \end{bmatrix}_{M \times N} \tag{5.3}$$

常用的求解超定方程组的方法是最小二乘法，通过最小化误差的平方和确定数据最佳函数匹配。

令 $\Delta\boldsymbol{\rho} = [\Delta\rho_1, \Delta\rho_2, \cdots, \Delta\rho_N]^{\mathrm{T}}$，$\Delta\boldsymbol{R} = (\Delta R_1, \Delta R_2, \cdots, \Delta R_M)^{\mathrm{T}}$，将式（5.2）改写为

$$J_{M \times N} \times \Delta\boldsymbol{\rho} = \Delta\boldsymbol{R} \tag{5.4}$$

定义残差向量 $\boldsymbol{r} = \Delta\boldsymbol{R} - \boldsymbol{J} \times \Delta\boldsymbol{\rho}$，若能找到向量 $\Delta\boldsymbol{\rho} \in \boldsymbol{R}^n$ 使得 $\|\boldsymbol{r}\|_2^2 = \|\Delta\boldsymbol{R} - \boldsymbol{J} \times \Delta\boldsymbol{\rho}\|_2^2$ 的值最小，即称此时的 $\Delta\boldsymbol{\rho}$ 为该超定方程组的最小二乘解。又

$$\begin{aligned} \|\boldsymbol{r}\|_2^2 = \boldsymbol{r}^{\mathrm{T}}\boldsymbol{r} &= [\Delta\boldsymbol{R} - \boldsymbol{J} \times \Delta\boldsymbol{\rho}]^{\mathrm{T}}[\Delta\boldsymbol{R} - \boldsymbol{J} \times \Delta\boldsymbol{\rho}] \\ &= \Delta\boldsymbol{R}^{\mathrm{T}}\Delta\boldsymbol{R} - \Delta\boldsymbol{\rho}^{\mathrm{T}}\boldsymbol{J}^{\mathrm{T}}\Delta\boldsymbol{R} - \Delta\boldsymbol{R}^{\mathrm{T}}\boldsymbol{J}\Delta\boldsymbol{\rho} + \Delta\boldsymbol{\rho}^{\mathrm{T}}\boldsymbol{J}^{\mathrm{T}}\boldsymbol{J}\Delta\boldsymbol{\rho} \end{aligned} \tag{5.5}$$

对其求导，并令导数为 0，可得

$$\frac{\partial \|\boldsymbol{r}\|_2^2}{\partial (\Delta\boldsymbol{\rho})} = -2\boldsymbol{J}^{\mathrm{T}}\Delta\boldsymbol{R} + 2\boldsymbol{J}^{\mathrm{T}}\boldsymbol{J}\Delta\boldsymbol{\rho} = 0 \tag{5.6}$$

整理，得

$$\boldsymbol{J}^{\mathrm{T}}\boldsymbol{J}\Delta\boldsymbol{\rho} = \boldsymbol{J}^{\mathrm{T}}\Delta\boldsymbol{R} \tag{5.7}$$

求解式（5.7）即可得到最小二乘解 $\Delta\boldsymbol{\rho}$。需要指出的是在 NDM-Broyden 法中使用最小二乘法求解超定方程组仍然可以用近似 $\boldsymbol{B}$ 矩阵代替雅可比矩阵 $\boldsymbol{J}$ 以减少计算量，因此，最终迭代公式可由式（4.31）改写为

$$\rho_{k+1} = \lambda\left(\boldsymbol{B}_k^{\mathrm{T}}\boldsymbol{B}_k\right)^{-1} \times \Delta\boldsymbol{R}_k + \rho_k, \quad k = 0, 1, 2, \cdots \tag{5.8}$$

构建输入量数大于未知数个数的超定方程组，离不开端口输入量的增加。依据表 4.1 中的接线方式，对于双绕组变压器，可以利用高压绕组、低压绕组和箱体外壳这三个现有端口，增加如表 5.3 所示的端口绝缘电阻，这些端口绝缘电阻所对应的电场分布信息均不相同。这种基于 M 个端口输入量反演 N 个区域参数的方法（$M > N$）被称为参数分区超定反演方法。

表 5.3　增加后的变压器绝缘电阻接线方式

绝缘电阻	加压端	测量端	接地端
$R_{\text{H-LS}}$	高压绕组	箱体外壳和高压绕组	—
$R_{\text{H-}S}$	高压绕组	箱体外壳	低压绕组
$R_{\text{L-HS}}$	低压绕组	箱体外壳和高压绕组	—
$R_{\text{L-S}}$	低压绕组	箱体外壳	高压绕组
$R_{\text{HL-S}}$	高压绕组和低压绕组	箱体外壳	—

仍然使用图 4.4 的仿真模型进行计算，内部参数不变，获得如表 5.4 所示 5 个端口绝缘电阻值，同时附加±10%以内的随机噪声，并代入反演模型中，利用 NDM-Broyden 法对 3 个区域电阻率进行计算，得到反演结果如表 5.5 所示，并与实际预设值进行比较。

表 5.4　附加随机噪声后的各端口绝缘电阻值

端口绝缘电阻	计算值/Ω	随机误差/%	附加随机误差后的计算值/Ω
$R_{\text{H-LS}}$	2.159×10^{10}	-5.18	2.047×10^{10}
$R_{\text{H-}S}$	2.426×10^{10}	$+3.24$	2.504×10^{10}
$R_{\text{L-HS}}$	9.916×10^{10}	-0.86	9.831×10^{10}
$R_{\text{L-S}}$	2.002×10^{11}	-4.97	1.902×10^{11}
$R_{\text{HL-S}}$	2.163×10^{10}	$+8.33$	2.344×10^{10}

表 5.5　超定方程组下输入量附加随机噪声后的电阻率反演值与实际预设值比较

电阻率	附加随机误差后的反演值/(Ω·m)	实际预设值/(Ω·m)	相对误差/%
ρ_1	9.543×10^{13}	1×10^{14}	4.57
ρ_2	4.916×10^{13}	5×10^{13}	1.68
ρ_3	1.036×10^{13}	1×10^{13}	3.60

与表 5.2 相比，采用超定反演法后，反演结果与实际预设值的误差大幅度下降，区域 1 的电阻率 ρ_1 相对误差从原来的 222.50%降至 4.57%，区域 2 的电阻率 ρ_2 相对误差从原来的 60.84%降至 1.68%，区域 3 的电阻率 ρ_3 误差几乎不变，证明采用超定反演法进行反演可大幅度改善输入量噪声导致反演值发散的问题，进一步提升了反演算法的应用范围。

5.2　基于超定方程组的多区域油浸纸相对介电常数反演

反演相对介电常数同样会遇到输入量存在噪声问题，由于需要将电阻率和端口介质损耗因数同时作为反演的输入量，若两者同时存在噪声，势必造成相对介电常数的反演出现较大误差。以仿真为例，对表 4.5 中的端口介质损耗因数输入量随机加入±10%以内的噪声，如表 5.6 所示。同时，采用表 5.5 中的含有噪声的电阻率作为输入，将其与表 5.6 中的端口介质损耗因数一起作为输入量代入反演模型中，反演频率为 10^{-4} Hz，其余参数不变，利用 NDM-Broyden 法对 3 个区域的相对介电常数进行计算，得到反演结果和实际预设值的比较如表 5.7 所示。

表 5.6　附加随机噪声后的各端口 10^{-4} Hz 介质损耗因数

端口介质损耗因数	计算值	随机误差/%	附加随机误差后的计算值
$\tan\delta_{\text{H-LS}}$	1.644	−2.95	1.595
$\tan\delta_{\text{L-HS}}$	1.108	−0.20	1.106
$\tan\delta_{\text{HL-S}}$	1.954	+9.95	2.148

表 5.7　恰定方程组下输入量附加随机噪声后的相对介电常数反演值与实际预设值比较

相对介电常数	附加随机误差后的反演值	实际预设值	相对误差/%
ε'_1	30.65	25	22.60
ε'_2	23.71	30	20.97
ε'_3	42.86	35	22.46

由表 5.7 可知，三个区域的相对介电常数的反演值与实际预设值的误差均在 20%左右，且从区域 1~3 的递增趋势被打破，可见输入量噪声对反演结果有一定的影响。对于此类问题，仍然可以构建超定方程组并将输入量噪声平均化，降低输入噪声对反演值的影响。只需将式（5.8）改写为

$$\varepsilon'_{k+1}(f) = \lambda \left(\boldsymbol{B}_k^{\top} \boldsymbol{B}_k \right)^{-1} \times \Delta\tan\boldsymbol{\delta}_k(f) + \varepsilon'_k(f), \quad k = 0,1,2,\cdots \tag{5.9}$$

与反演电阻率类似，采用超定方程组需要增加端口输入量，仍参考表 5.3 中的接线方式来增加端口输入量，并对各端口输入量随机附加±10%以内的噪声，结果如表 5.8 所示。

表 5.8　附加随机噪声后的各端口 10^{-4} Hz 介质损耗因数

端口介质损耗因数	计算值	随机误差/%	附加随机误差后的计算值
$\tan\delta_{\text{H-LS}}$	1.6434	−2.95	1.595
$\tan\delta_{\text{H-S}}$	2.394	−9.78	2.160
$\tan\delta_{\text{L-HS}}$	1.108	−0.20	1.106
$\tan\delta_{\text{L-S}}$	1.409	−3.31	1.362
$\tan\delta_{\text{HL-S}}$	1.954	+9.95	2.148

将表 5.5 中反演得到的含有噪声的电阻率和表 5.8 中附加随机噪声的端口介质损耗

因数作为输入，代入反演模型中采用参数分区超定反演方法对三个区域的 ε_1'、ε_2'、ε_3' 进行反演，结果如表 5.9 所示。

表 5.9　超定方程组下输入量附加随机噪声后的相对介电常数反演值与实际预设值比较

相对介电常数	附加随机误差后的反演值	实际预设值	相对误差/%
ε_1'	24.92	25	0.32
ε_2'	29.50	30	1.67
ε_3'	32.11	35	8.26

由表 5.9 可知，采用超定反演方法后，输入量噪声对反演值的影响从原先的 20%左右降低至 10%以内，同时，相对介电常数从区域 1～3 的递增趋势依然存在。这说明基于超定方程组的 NDM-Broyden 法可以有效地降低端口介质损耗因数输入量噪声对相对介电常数反演值的影响。

5.3　油浸纸参数反演初值的确定

由第 3 章分析可知，采用 NDM 可以有效地降低反演算法对于初值的依赖，但是实际中，除了新变压器，对于一些运行已有年限、老化和受潮状态未知的变压器，依靠人工经验很难确定其各区域油浸纸电气参数的初值。同时，对于迭代反演计算而言，若设定的初值接近实际值，可以有效地降低反演的迭代步数，提高反演效率和精度。因此，若能在反演各区域电气参数之前粗略地确定初值的范围，可进一步提高反演方法的应用范围和价值。

5.3.1　基于人工神经网络的反演参数初值确定方法

变压器内部不同区域油浸纸电气参数反演的本质是求解非线性方程组。反演过程中，各区域油浸纸电气参数到端口输入量的映射关系虽不能用解析方程表示，但可以通过正演计算或有限元仿真建立，即通过有限元仿真，可以获得各区域油浸纸电气参数所对应的端口输入量。

人工神经网络（artificial neural network，ANN）是一种仿生物神经网络结构和功能的数学或计算模型，可以对函数进行估计或近似，能学习和存储大量的输入-输出模式映射关系，不需要事先获得输入到输出具体的映射关系。ANN 广泛地应用于数据处理、机器学习领域，如数据的分类和函数的拟合。ANN 的学习规则分为两类，即监督学习和无监督学习，在监督学习中，需要为所学习的规则和映射关系提供一组正确的输入和输出，称为训练样本，将一组训练集输入网络，根据网络的实际输出与期望输出间的差别来调整连接权重，使输出值与期望值接近。但由于监督学习的 ANN 较为依赖训练样本，训练样本的质量和数量等均会影响神经网络的正确性，导致不同的输出，因此，其输出常常还需要人工经验进行校正。

基于 ANN 监督学习的原理，结合变压器油浸纸参数分区反演的特点，本节提出基于 ANN 的电气参数反演初值确定方法：固定油的电气参数，基于各区域油浸纸电气参数组合及其所对应的端口输入量有限元正演仿真结果建立训练样本；以仿真获得的端口输入量为输入，以各区域油浸纸电气参数为输出，采用 ANN 对这种映射关系进行训练，得到该映射关系的回归模型；将测量到的端口输入量输入至回归模型中，计算各区域油浸纸的电气参数，并以此为初值。

1. 反向传播神经网络原理

前馈神经网络是 ANN 模型中的一种，指神经元按层排列，分别组成输入层、隐层和输出层。每一层的神经元只接受来自前一层神经元的输入，输入模式按照各层的顺序前向传播，最后在输出层上得到输出。而反向传播神经网络（back propagation neural network，BPNN）是应用较广泛的前馈神经网络。

BPNN 是多层前馈神经网络，采用误差反向传播算法来调整权重和阈值，达到降低输出值和期望值之间误差的目的。下面以 3 层网络为例介绍 BPNN 的原理。

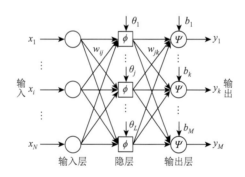

图 5.1　3 层 BP 神经网络结构

如图 5.1 所示，x_i 为第 i 个输入量，$i = 1, 2, \cdots, N$；w_{ij} 为输入层第 i 个神经元到隐层第 j 个神经元的权重，$j = 1, 2, \cdots, L$；w_{jk} 为隐层第 j 个神经元到第 k 个输出值的权重，$k = 1, 2, \cdots, M$；θ_j 为隐层第 j 个神经元的阈值，b_k 为输出层第 k 个神经元的阈值；ϕ 为隐层激活函数，通常为 sigmoid 函数，使得神经网络具备了非线性映射学习的能力；Ψ 为输出层激活函数，通常为线性函数，y_k 为第 k 个输出值。BPNN 学习过程分为两大步，第一步为输入量的正向传递过程。输入量沿着网络一层一层地传递，在权重、阈值和激活函数的作用下达到输出层。第二步为权重和阈值的反向传递过程。若输出层的值与期

望值存在误差 σ，针对误差采用梯度下降法修正上一层的权重和阈值，使得误差 $\sigma < \sigma_{stop}$，σ_{stop} 为终止误差，进而调整全网络权重和阈值使输出值逐渐逼近期望值，确定整个学习网络，建立回归模型，输入预测样本的输入量，通过确立好的回归模型或学习网络得到预测样本的输出量。

2. 训练样本的选取

根据 BPNN 的学习过程可以看出，要获取较为准确的回归模型，应提供所含信息丰富、具有代表性的训练样本。为了在保证训练样本质量的前提下，降低样本数量，提高网络学习效率，本节采用正交试验的思想选择各区域电气参数和端口输入量的组合。

正交试验设计（orthogonal design of experiment）是一种研究多因素多水平的试验优化设计方法，它是依据数理统计原理从全部试验组合中挑选出部分有代表性的组合进行试验，可大幅度地降低试验次数，是一种高效率、经济的试验设计方法[193]。它的样本矩阵（行代表水平，列代表因素）具有以下性质：

（1）每一列（因素）中，不同的数字（水平）出现的次数是相等的。

（2）任意两列中数字的排列方式齐全而且均衡。

由此可看出正交试验具有"均匀分散性，整齐可比性"的特点。采用正交试验设计建立训练样本，可在充分地反映各材料参数变化情况的前提下得到最少的、最具代表性的组合。

3. 基于 BPNN 的反演参数初值确定方法

采用 BPNN 确定反演参数初值方法的步骤如下所示。

（1）建立变压器油纸绝缘有限元模型，划分区域。

（2）建立训练样本：固定油的电气参数，采用正交试验设计在一定范围内挑选具有代表性的各区域油浸纸电气参数，代入变压器油纸绝缘有限元正演模型进行计算，获得对应的端口输入量，构建训练样本。训练样本中以对应的端口输入量为输入，以各区域油浸纸电气参数为输出。

（3）训练样本归一化：由于各特征量之间差异较大，为了排除数量级和量纲不同带来的影响，并加快反演模型的训练和收敛速度，对训练样本按式（5.10）进行归一化预处理。

$$x_1' = \frac{x_i - x_{min}}{x_{man} - x_{min}} \tag{5.10}$$

式中：x_1' 为样本中的某一元素 x_i 归一化后的值；x_{max} 与 x_{min} 为该元素的最大值和最小值。

（4）回归模型生成：采用 BPNN 对训练样本的输入-输出的映射关系进行学习，形成回归模型。

123

（5）输出结果：将测量得到的端口输入量输入回归模型，获得各区域油浸纸电气参数，并作为反演初值。

仍以图 4.4 中的变压器油纸绝缘二维轴对称模型为例，分区方式不变，讨论基于 BPNN 的反演参数初值确定方法，为 3.3.2 节与 3.4.2 节中的三区域油浸纸电阻率和相对介电常数反演算例提供反演参数初值。首先是 3 个区域油浸纸电阻率初值的确定，设置 3 个区域油浸纸电阻率的变化范围为 $1 \times 10^{13} \, \Omega \cdot m \sim 1 \times 10^{14} \, \Omega \cdot m$，固定变压器油电阻率 $\rho_{oil} = 1 \times 10^{12} \, \Omega \cdot m$，为了扩大样本量，油浸纸电阻率设置 20 个水平，由于电阻率变化范围较大，为了使样本更具有代表性，采用等比例法在电阻率范围内划分出 20 个水平，最终通过正交试验法[193]生成由 3 个区域油浸纸电阻率构成的组合（ρ_1、ρ_2、ρ_3）400 组，代入正演模型中计算出对应的 3 个端口绝缘电阻（R_{H-LS}、R_{L-HS}、R_{HL-L}），构成样本集（ρ_1、ρ_2、ρ_3、R_{H-LS}、R_{L-HS}、R_{HL-L}）。从样本集中随机选择 350 组作为训练样本，其余 50 组作为测试样本以验证回归模型的正确性，训练样本和测试样本中的输入为 R_{H-LS}、R_{L-HS}、R_{HL-L}，输出为 ρ_1、ρ_2、ρ_3。BPNN 有两层中间层，每层含有 10 个神经元。回归模型训练好后，测试样本中 3 个区域电阻率 ρ_1、ρ_2、ρ_3 的计算值与预设值的比较结果如图 5.2 所示。

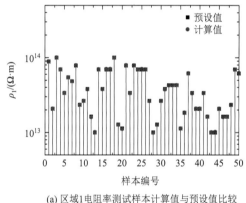

(a) 区域1电阻率测试样本计算值与预设值比较

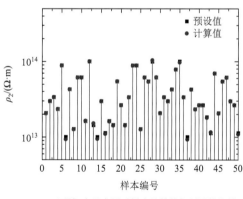

(b) 区域2电阻率测试样本计算值与预设值比较

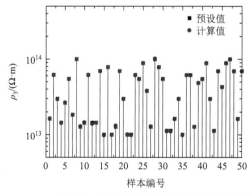

(c) 区域3电阻率测试样本计算值与预设值比较

图 5.2　测试样本中三区域油浸纸电阻率计算值与预设值比较

由图 5.2 可知，测试样本中的计算值与预设值几乎重合。由于电阻率变化范围存在数量级差异，为了减小数量级的影响，采用如式（5.11）所示的平均绝对百分比误差（mean absolute percentage error，MAPE）e_{MAPE} 来表征测试样本中预设值与 BPNN 计算值之间的平均相对误差。

$$e_{MAPE} = \frac{1}{N} \sum_{i=1}^{N} \left| \frac{A_i - P_i}{A_i} \right| \tag{5.11}$$

式中：N 为测试样本的个数；A_i 为第 i 个测试样本的实际值；P_i 为第 i 个测试样本的计算值。

根据式（5.11）计算得到的三个区域油浸纸电阻率测试样本的 e_{MSPE} 分别为 0.53%、1.15% 和 0.72%。可见对于测试样本，基于该训练样本的回归模型学习效果较好。

对于相对介电常数的反演初值确认，由于其受老化和受潮影响的变化范围较小，故设置 3 个区域相对介电常数的变化范围为 4～60，固定频率 $f = 10^{-4}$ Hz，变压器油电气参数 $\rho_{oil} = 1 \times 10^{12}$ Ω·m、$\varepsilon'_{oil} = 2.2$ 及 3 个区域油浸纸的电阻率 $\rho_1 = 1 \times 10^{14}$ Ω·m、$\rho_2 = 5 \times 10^{13}$ Ω·m、$\rho_3 = 1 \times 10^{13}$ Ω·m；设置油浸纸相对介电常数的水平为 20，由于其变化范围较小，采用等差法在范围内划分出 20 个水平，最终通过正交试验法生成由 3 个区域油浸纸相对介电常数构成的组合（ε'_1、ε'_2、ε'_3）400 组，代入正演模型中计算出对应的 10^{-4} Hz 下的 3 个端口介质损耗因数（$\tan \delta_{H\text{-}LS}$、$\tan \delta_{L\text{-}HS}$、$\tan \delta_{HL\text{-}L}$），构成样本集（$\varepsilon'_1$、$\varepsilon'_2$、$\varepsilon'_3$、$\tan \delta_{H\text{-}LS}$、$\tan \delta_{L\text{-}HS}$、$\tan \delta_{HL\text{-}L}$）。从样本集中随机选择 350 组作为训练样本，其余 50 组作为测试样本以验证回归模型的正确性，训练样本和测试样本中的输入为 $\tan \delta_{H\text{-}LS}$、$\tan \delta_{L\text{-}HS}$、$\tan \delta_{HL\text{-}L}$，输出为 ε'_1、ε'_2、ε'_3。BPNN 有两层中间层，每层含有 10 个神经元。网络训练好后，测试样本中 3 个区域相对介电常数 ε'_1、ε'_2、ε'_3 的计算值与预设值的比较结果如图 5.3 所示。

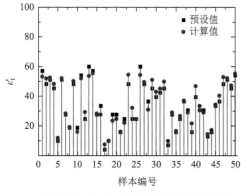

(a) 测试样本区域1相对介电常数计算值与预设值比较

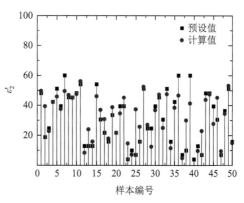

(b) 测试样本区域2相对介电常数计算值与预设值比较

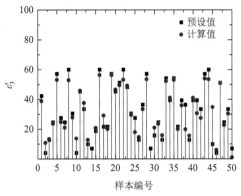

(c) 测试样本区域3相对介电常数计算值与预设值比较

图 5.3　测试样本中三区域油浸纸相对介电常数计算值与预设值比较

由图 5.3 可知，测试样本中，BPNN 的计算值与预设值存在较大误差。由于相对介电常数不存在数量级变化，可以采取平均绝对误差（mean absolute error，MAE）e_{MAE} 评价网络训练的效果，即计算预设值和计算值之间的所有绝对差值的平均数，其计算公式如式（5.12）所示：

$$e_{\mathrm{MAE}} = \frac{1}{N}\sum_{i=1}^{N}\left|A_i - P_i\right| \tag{5.12}$$

根据式（5.12）计算得到的三个区域油浸纸相对介电常数测试样本的 e_{MAE} 分别为 2.88、6.44 和 4.23。可见对于三区域的相对介电常数计算，该回归模型存在一定的误差，这是由于较电阻率而言，相对介电常数的变化较小，端口介质损耗因数对油浸纸相对介电常数变化的敏感性下降。

BPNN 的隐层数与网络学习效果息息相关，若层数较少，则回归模型不能充分地反映输入与输出之间的关系，但若层数过多，则不仅会增加计算量，也可能导致过拟合现象的出现。一般的层数设置在 1～5，本节将隐层数增加至 4，依然采用上述训练样本进行训练，网络训练好后，测试样本中 3 个区域相对介电常数 ε_1'、ε_2'、ε_3' 的计算值与预设值的比较结果如图 5.4 所示。

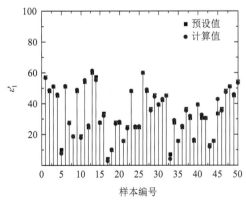

(a) 测试样本区域1相对介电常数计算值与预设值比较

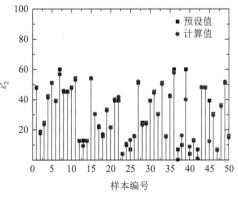

(b) 测试样本区域2相对介电常数计算值与预设值比较

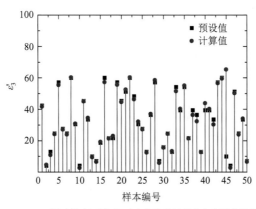

(c) 测试样本区域3相对介电常数计算值与预设值比较

图 5.4　增加隐层数后测试样本中三区域油浸纸相对介电常数计算值与预设值比较

此时，三个区域油浸纸相对介电常数测试样本的 e_{MAE} 分别为 0.93、2.18 和 2.13。较之隐层为 2 的神经网络 e_{MAE} 有所下降，证明该回归模型学习效果较好。

通过训练样本获得回归模型之后，对 3.3.2 节和 3.4.2 节算例中的三个区域电阻率、相对介电常数的反演初值进行计算：将表 4.2 与表 4.5 中的各端口绝缘电阻和介质损耗因数作为输入分别代入上述两个回归模型中，得到分区参数反演的初值如表 5.10 所示。

表 5.10　基于 BPNN 的分区电阻率、相对介电常数反演的初值

分区参数	初值计算结果/$\Omega \cdot m$	实际预设值/$\Omega \cdot m$	分区参数	初值计算结果	实际预设值
ρ_1	1.373×10^{14}	1×10^{14}	ε_1'	22.77	25
ρ_2	3.553×10^{13}	5×10^{13}	ε_2'	51.71	30
ρ_3	2.027×10^{13}	1×10^{13}	ε_3'	35.24	35

由表 5.10 可见，三区域电阻率的量级与预设值的量级均相同，且 ρ_1、ρ_2、ρ_3 与预设值变化趋势相同，对于相对介电常数，ε_1'、ε_3' 非常接近预设值，但 ε_2' 较预设值有明显上升，这可能是由于端口介质损耗因数对区域 2 的油浸纸相对介电常数的变化不敏感，所以在回归模型中，该区域参数与端口输入量之间的映射关系学习效果不佳，这体现在预测样本中区域 2 的 $e_{MAE} = 2.18$，较其他两个区域的 e_{MAE} 都大。尽管如此，其量级仍与预设值相同。

5.3.2　算例应用

将通过 BPNN 计算得到的电阻率和相对介电常数初值代入反演算法中，在恰定方程组下，采用 NDM-Broyden 法进行计算，其参数迭代结果和误差范数变化如图 5.5 所示。可见两种参数反演迭代平缓，并最终收敛，迭代步数较 4.2.2 节图 4.11 和 4.3.2 节图 4.20

中的算例均减少；对于电阻率反演的误差范数$\|\boldsymbol{E}_r\|$，在迭代过程中只被修正了一次，较之图4.11（b）～（c）中减少了2次；而相对介电常数反演的误差范数$\|\boldsymbol{E}_r\|$在迭代过程中没有修正。

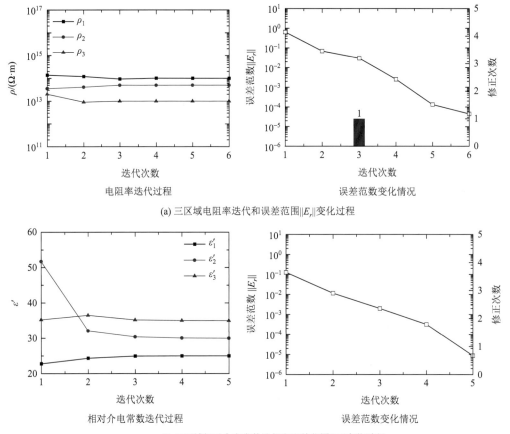

(a) 三区域电阻率迭代和误差范围$\|\boldsymbol{E}_r\|$变化过程

(b) 三区域相对介电常数迭代和误差范围$\|\boldsymbol{E}_r\|$变化过程

图 5.5　分区参数迭代过程和误差范数$\|\boldsymbol{E}_r\|$变化

按照式（4.32）计算图5.5中算例的有限元计算次数，并与初值为$\rho_0 = 1\times10^{14}\ \Omega\cdot m$[图4.11（c）]、$\varepsilon_0' = 25$[图4.20（a）]的算例进行比较，结果如表5.11所示。由表5.11可知，采用BPNN计算值作为初值后，电阻率反演和相对介电常数反演的有限元计算次数分别下降了43.48%和60%。

表 5.11　有限元计算次数对比

电阻率反演有限元计算次数	$\rho_0 = 1\times10^{14}\ \Omega\cdot m$	69
	将BPNN计算结果作为初值	39
相对介电常数反演有限元计算次数	$\varepsilon_0' = 25$	60
	将BPNN计算结果作为初值	24

综上，采用人工神经网络确定参数反演初值的方法不仅可以确定初值的大致范围，而且可以大幅度地提升反演算法的计算效率，同时降低了对人工经验的依赖程度，提升了分区反演方法的实用性。

5.4　本　章　小　结

为了增强反演算法对输入量噪声的鲁棒性，本章提出了变压器油浸纸分区超定反演方法，即增加了端口输入量的数量，构建输入量个数大于未知数个数的超定方程组，并采用最小二乘法对其进行求解，将输入量噪声平均化。最终将恰定方程组下通过附加随机噪声的输入量反演得到电阻率的相对误差从 222.50%降至 4.57%，相对介电常数的相对误差从 22.60%降至 0.32%，说明采用超定方程组求解的方式可以降低输入量噪声的影响。

考虑到老化和受潮状态未知的变压器难以确定其内部各区域油浸纸电气参数的初值，同时为了获取接近实际值的反演参数初值，进一步提高反演算法的效率，本章首先提出了基于 BPNN 的油浸纸参数初值获取方法：通过有限元正演仿真计算获得大量变压器油纸绝缘不同区域油浸纸电气参数和与其对应的端口输入量组合，将其作为训练样本。其次采用 BPNN，基于训练样本对这种输入-输出映射关系进行学习获得回归模型。最后将测量得到的端口输入量输入回归模型中，获得各区域油浸纸参数的输出值并将其作为反演初值。

仿真结果表明：采用基于 BPNN 计算得到的初值较接近实际值所在的范围，可有效地减少迭代步数，降低有限元计算次数，使得电阻率反演和相对介电常数反演的有限元计算次数分别下降 43.48%和 60%。同时只需要通过计算机仿真即可获得训练样本，可为参数反演初值的确定提供大量数据。

第6章

油浸纸老化和受潮状态评估方法的应用

　　参照变压器主绝缘结构，本章制作可拆卸的变压器样机模型，对其内部不同区域油浸纸进行加速热老化与自然吸湿处理，结合超定反演方法与油浸纸聚合度-含水量状态辨识模型对其老化和受潮状态进行评估，同时讨论变压器绝缘结构三维模型的建模及简化方法。最后以 10 kV 配电变压器为研究对象，对该变压器不同区域油浸纸的老化与受潮状态进行评估。

6.1　原理样机的参数分区反演及老化和受潮状态评估

6.1.1　原理样机绝缘结构设计

变压器主绝缘是油纸绝缘中最重要的绝缘结构之一，通常包括导线上的外包纸、绕组之间的纸板及油隙中的撑条，变压器的高低压绕组主要由铜导线或铝导线绕制而成，为了保证匝间绝缘强度，绕组导线多采用漆包线或纸包线。较厚的绝缘纸板被放置在绕组与绕组之间、绕组与铁心之间以确保足够的绝缘强度。常见的变压器主绝缘结构如图 4.23（a）所示：高低压绕组之间包含了油浸纸板、撑条和油道。在不断变化的工作负荷和环境条件下，这些绝缘材料多年来经历不同程度的电热应力，并呈现出不同的老化和受潮状态。依据图 4.23（a），制作了可拆卸的变压器样机，其结构顶视图、整体结构截面图和主要结构与尺寸如图 6.1 和表 6.1 所示。

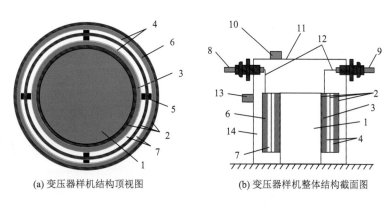

(a) 变压器样机结构顶视图　　　　　　(b) 变压器样机整体结构截面图

图 6.1　变压器样机主要结构

表 6.1　变压器样机主要结构与尺寸

序号	名称	尺寸及备注
1	铁心	直径为 89.5 mm，高度为 174.75 mm
2	油浸纸板	共 3 张油浸纸板，厚度均为 1 mm，从内到外内径分别为 89.5 mm、104.14 mm、120.94 mm
3	低压绕组	由 4 层厚度为 0.5 mm 铜箔绕制而成，高度为 110 mm
4	撑条帘	厚度为 0.08 mm，紧贴高低压绕组
5	撑条	宽度为 10 mm，共 4 个
6	高压绕组	由 4 层厚度为 0.5 mm 铜箔绕制而成，高度为 110 mm
7	油道	内油道宽度为 4 mm，外油道宽度为 5 mm
8	高压绕组端子	与高压绕组相连
9	低压绕组端子	与低压绕组相连

序号	名称	尺寸及备注
10	注油口	注油
11	箱体	由厚度为 4 mm 的钢板构成，底部长度为 155 mm，宽度为 155 mm，顶部长 155 mm，宽度为 215 mm，总高 280 mm
12	引出线	高低压绕组引出线，表面包裹绝缘材料
13	箱体引出线	金属螺杆，连接箱体和铁心
14	箱体油	克拉玛依 25#油

从图 6.1（a）中可以看到，主绝缘中的纸绝缘主要由低压绕组与铁心之间、低压绕组与高压绕组之间、高压绕组与箱体之间的厚度为 1 mm 的绝缘纸板构成；撑条在放置的过程中需要用厚度为 0.08 mm 的点胶纸作为撑条帘固定；由于在测量绝缘电阻和介质损耗因数的过程中，高压或低压绕组匝与匝、饼与饼之间呈等电位状态，其内部电场为零，所以在设计中忽略绕组的形状，用整片的铝箔整体代替；为了方便制作，将铁心用圆柱形金属代替；绕组绝缘总直径为 122.94 mm，高度为 110 mm。

与真型变压器类似，圆柱铁心与箱体相连，高压绕组、低压绕组及箱体各有引出线方便加载电压激励，顶部设有可拆卸滑盖，为了保证密封性，滑盖内部加设胶圈。样机实物图如图 6.2 所示。为了方便拆卸、替换样机绕组绝缘，箱体的上层较下层更宽，并采用前置式设计。同时为了避免操作过程中污染变压器油，在注油时只注满下部箱体，没过样机绕组绝缘顶部，试验测量时上部箱体充入氮气并密封。

(a) 绕组绝缘结构   (b) 样机内部图   (c) 样机外部图

图 6.2　样机实物图

6.1.2　原理样机有限元建模、剖分和简化

对原理样机进行有限元建模，并讨论其建模、剖分和模型简化方法。依据图 6.1 中的绝缘尺寸，建立样机主要结构有限元模型如图 6.3 所示，其主要由绕组绝缘、接线端子及箱体组成。为了方便建模，建立样机绕组绝缘二维有限元模型如图 6.4 所示，

样机的主绝缘结构由绕组绝缘的二维模型按绕组绝缘尺寸纵向拉伸而成，如图 6.5 所示。

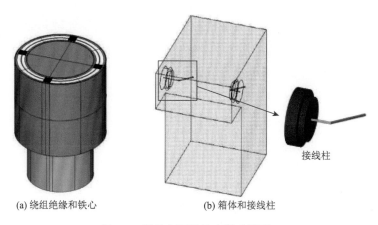

(a) 绕组绝缘和铁心　　　　　(b) 箱体和接线柱

图 6.3　样机主要结构有限元模型

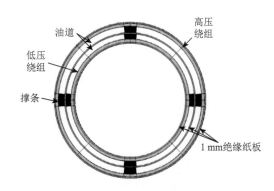

图 6.4　样机绕组绝缘二维有限元模型

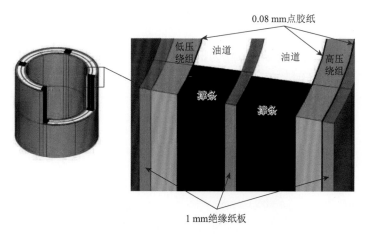

图 6.5　样机绕组绝缘纵向拉伸后有限元模型

由图 6.5 可知，绕组绝缘最薄处为 0.08 mm 点胶纸，最厚处为 1 mm 绝缘纸板，均较薄，因此薄纸绝缘的网格划分尺寸是剖分的关键所在，网格过疏可能会造成网格畸形比例增多，影响计算精度，网格过密又会导致计算量过大，影响计算效率。为了确定剖分尺寸，本节定义单元长宽比 k，即单元纵向拉伸边长 a 与单元轴向最小边长 b 之比，作为网格剖分效果的评价参数，由于绝缘最薄处仅为 0.08 mm，故 $b = 0.08$ mm，调整单元的纵向拉伸长度来控制单元的长宽比，同时为了保证网格的规则性，使用四边形映射剖对薄纸绝缘进行剖分，如图 6.6 所示。并比较单元长宽比 $k = 5$、10、20、30 时的高低压绕组间的绝缘电阻 R、介质损耗因数 $\tan\delta(10^{-4}$ Hz$)$ 的计算结果和网格单元总数，确定合适的单元长宽比 k，在保证计算精度的前提下提高计算效率，建立合适的样机参数分区反演有限元模型。

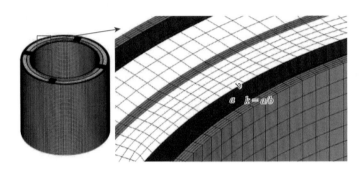

图 6.6 样机绕组绝缘剖分图

选取 $k = 5$、10、20、30 的单元长宽比作为绕组绝缘剖分尺寸，如图 6.7 所示，将模型中的绝缘纸板与点胶纸的电阻率和相对介电常数设置为 1×10^{14} Ω·m 和 4.5，将油的电阻率和相对介电常数设置为 1×10^{13} Ω·m 和 2.2。不同 k 值下高低压绕组之间端口输入量计算结果如表 6.2 所示，以 $k = 5$ 时的计算结果作为基准值，结合图 6.7 和表 6.2 可知，不同 k 值下的计算结果差别并不明显，相对误差均小于 0.1%，但网格数差别巨大，且由图 6.7（d）可知，当 $k = 30$ 时，模型部分区域的网格出现了略微畸形，因此，考虑网格质量和计算效率，本节选用 $k = 20$ 作为剖分尺寸对样机绕组绝缘进行剖分，此时的网格数量较 $k = 5$ 时下降了 94.87%。

表 6.2 不同 k 值下高低压绕组之间端口输入量计算结果

k	$R_{H\text{-}L}/\Omega$	$\tan\delta_{H\text{-}L}/(10^{-4}$ Hz$)$	$R_{H\text{-}L}/\tan\delta_{H\text{-}L}/(10^{-4}$ Hz$)$的相对误差/%	网格数
5	6.1964×10^{12}	1.9322	0/0	2 129 064
10	6.1959×10^{12}	1.9324	0.0082/0.0094	367 356
20	6.1946×10^{12}	1.9329	0.030/0.034	109 225
30	6.1933×10^{12}	1.9333	0.051/0.059	41 249

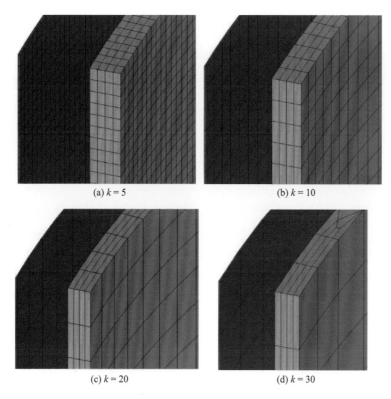

(a) $k = 5$　　　　　　　　　　　　　(b) $k = 10$

(c) $k = 20$　　　　　　　　　　　　　(d) $k = 30$

图 6.7　不同长宽比对应的 1 mm 油浸纸板和 0.08 mm 点胶纸剖分细节图

如图 6.2（b）所示，引线和瓷瓶组成的接线柱大部分处于上部箱体中，考虑到其相较于样机其他部件体积较小，同时处于氮气中，若能忽略接线柱部分，则可以降低建模难度并提高计算效率。因此，为了定量分析接线柱对计算结果的影响，分别依据图纸建立了完整的全模型和无接线柱的模型进行比较，绕组绝缘的剖分长宽比 $k = 20$，各端口对应的绝缘电阻 R 与介质损耗因数 $\tan\delta(10^{-4}\ \text{Hz})$ 计算结果如表 6.3 和表 6.4 所示。仿真时，瓷瓶的电阻率与相对介电常数设为 $1\times10^{18}\ \Omega\cdot\text{m}$ 和 6，氮气的电阻率和相对介电常数为 $1\times10^{22}\ \Omega\cdot\text{m}$ 和 $1^{[194]}$。

表 6.3　有无接线柱对绝缘电阻计算结果的影响

绝缘电阻	R/Ω		相对误差/%
	全模型	无接线柱	
$R_{\text{H-LS}}$	2.610×10^{12}	2.615×10^{12}	0.19
$R_{\text{H-S}}$	4.912×10^{12}	4.914×10^{12}	0.041
$R_{\text{L-HS}}$	1.565×10^{12}	1.568×10^{12}	0.19
$R_{\text{L-S}}$	2.177×10^{12}	2.181×10^{12}	0.18
$R_{\text{HL-S}}$	1.509×10^{12}	1.510×10^{12}	0.066

表 6.4　有无接线柱对 tan δ(10^{-4} Hz)计算结果的影响

介质损耗因数	tan δ/(10^{-4} Hz)		相对误差/%
	全模型	无接线柱	
tan $\delta_{\text{H-LS}}$	2.05	2.05	0
tan $\delta_{\text{H-S}}$	3.52	3.62	2.84
tan $\delta_{\text{L-HS}}$	2.05	2.05	0
tan $\delta_{\text{L-S}}$	5.76	5.77	0.17
tan $\delta_{\text{HL-S}}$	8.21	8.25	0.49

　　由表 6.3 和表 6.4 可知，忽略接线柱后，对绝缘电阻 R 造成的最大误差仅为 0.19%，对 tan δ(10^{-4} Hz)造成的最大误差为 2.84%，可见接线柱存在与否对整体模型并无明显影响，故可以忽略。

　　由于油仅注满下部箱体，上部为氮气，而氮气为理想绝缘，无传导电流存在，考虑到接线柱已经忽略，进一步讨论忽略上部箱体的可能性，分别建立了全模型和无接线柱、无上部箱体的模型进行比较，绕组绝缘的剖分长宽比 $k = 20$，各端口输入量计算结果如表 6.5 和表 6.6 所示。

表 6.5　有无上部箱体对绝缘电阻计算结果的影响

绝缘电阻	R/Ω		相对误差/%
	全模型	无接线柱、无上部箱体	
$R_{\text{H-LS}}$	2.610×10^{12}	2.615×10^{12}	0.19
$R_{\text{H-S}}$	4.912×10^{12}	4.914×10^{12}	0.041
$R_{\text{L-HS}}$	1.565×10^{12}	1.569×10^{12}	0.26
$R_{\text{L-S}}$	2.177×10^{12}	2.181×10^{12}	0.18
$R_{\text{HL-S}}$	1.509×10^{12}	1.510×10^{12}	0.066

表 6.6　有无上部箱体对 tan δ(10^{-4} Hz)计算结果的影响

介质损耗因数	tan δ/(10^{-4} Hz)		相对误差/%
	全模型	无接线柱、无上部箱体	
tan $\delta_{\text{H-LS}}$	2.05	2.05	0
tan $\delta_{\text{H-S}}$	3.52	3.63	3.13
tan $\delta_{\text{L-HS}}$	2.05	2.05	0
tan $\delta_{\text{L-S}}$	5.76	5.77	0.17
tan $\delta_{\text{HL-S}}$	8.21	8.26	0.61

　　由表 6.5 和表 6.6 可知，上部箱体的有无对计算结果几乎无影响，故可以忽略。同时根据简化后模型的对称性，其在计算电场时，得到的电场分布前后左右对称，可将其

进一步简化成 1/4 模型。样机有限元模型简化过程如图 6.8 所示。经过简化，网格数从最初的 2 364 274 降低至 353 837，降幅达 85.03%，在保证计算精度的同时大幅度提高了计算效率。

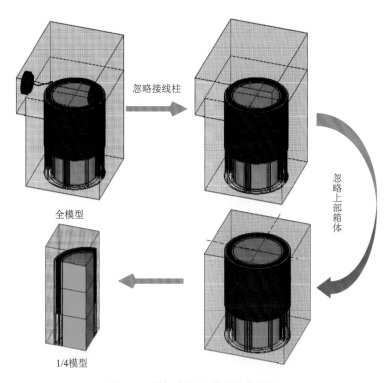

忽略接线柱

忽略上部箱体

全模型

1/4模型

图 6.8　样机有限元模型简化过程

6.1.3　样机的加速热老化和自然吸湿

为了创造不同老化和受潮状态的绝缘区域，样机制作好后，按照第 2 章样品的预处理操作首先对其绕组绝缘进行干燥和浸油，并裁剪与样机绕组绝缘同批次的绝缘纸板，对其进行相同的预处理并留作备用，图 6.9 为样机绕组绝缘浸油操作。

预处理完成后，将高低压绕组之间的油浸纸板拆卸下来，并与同一批若干备用油浸纸样一起，在 140℃/氮气环境下进行加速热老化处理，老化时间为 18 d。与此同时剩余的样机绝缘被静置在绝缘油中密封保存。预处理与老化后备用油浸纸样的理化和电气参数在全部测试结束后将被测量，用于对反演结果及老化、受潮状态评估进行验证。

老化完成后，将老化后的高低压绕组之间的油浸纸板

图 6.9　样机绕组绝缘浸油操作

137

重新安装在样机绕组绝缘中，为了使样机绕组绝缘受潮，将整个绕组绝缘放置在70%/25℃的环境下自然吸湿 6 h 左右后，放入装有绝缘油的箱体中静置 7 d 以待油纸间水分达到平衡。

6.1.4 样机绝缘区域划分和各端口输入量测量结果

按照主绝缘结构分别将低压绕组与铁心之间、高压绕组与低压绕组之间、高压绕组与箱体之间的 3 张油浸纸板视为需要反演电气参数的未知区域 1、2、3，其中区域 1 和区域 3 油浸纸板为未老化受潮状态，区域 2 油浸纸板为老化受潮状态。除了三个区域的油浸纸板，样机中还有 0.08 mm 点胶纸和油隙间的撑条，点胶纸与油浸纸板、油隙串联，且总厚度远小于油浸纸板；撑条与油道并联，且体积远小于油道，因此它们的电气参数变化对端口输入量的影响有限，在反演时忽略它们的影响，将其电阻率与相对介电常数分别设置为 1×10^{14} Ω·m 和 4.5。

样机完成静置后，采用表 5.3 中的五种接线方式测量其各端口时频域介电响应，时频域介电响应均由奥地利 OMICRON 生产的 FDS-PDC 介电绝缘分析仪 DIRANA 测量，PDC 测量电压为 200 V，FDS 测量电压有效值为 140 V。高压对低压和箱体（H-LS）的接线方式测量实物图如图 6.10 所示。测量时将样机放置在金属箱体内，箱体接地以起到屏蔽外界干扰的作用。

图 6.10 高压对低压和箱体（H-LS）的接线方式测量实物图

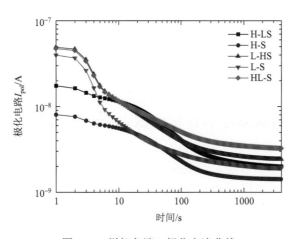

图 6.11　样机各端口极化电流曲线

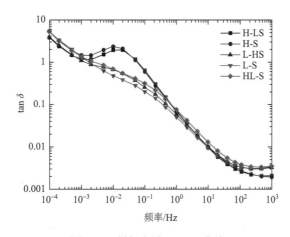

图 6.12　样机各端口 FDS 曲线

　　样机各端口极化电流和 FDS 的测量结果如图 6.11 和图 6.12 所示，由于样机体积小，充电时间短，极化电流曲线能够较快稳定，绝缘电阻 R 取极化电流稳态值进行计算，各端口输入量 R 和 $\tan\delta(10^{-4}\,\mathrm{Hz})$ 如表 6.7 所示。测量完成后取油样测量其 ρ_{oil} 和 $\varepsilon'_{\mathrm{oil}}\,(10^{-4}\,\mathrm{Hz})$，同样列于表 6.7 中。

表 6.7　样机各端口输入量及油电气参数测量值

接线方式	R/Ω	$\tan\delta/(10^{-4}\,\mathrm{Hz})$	$\rho_{\mathrm{oil}}/\,\varepsilon'_{\mathrm{oil}}\,/(10^{-4}\,\mathrm{Hz})$
H-LS	1.00×10^{11}	3.81	
H-S	1.40×10^{11}	5.42	
L-HS	8.23×10^{10}	3.97	$1.00\times10^{11}\,\Omega\cdot\mathrm{m}/8.23$
L-S	1.03×10^{11}	5.38	
HL-S	6.13×10^{10}	5.26	

6.1.5　参数分区反演结果及老化和受潮状态评估

由于经过加速热老化与自然吸湿后的样机绕组绝缘老化和受潮状态未知，其电气参数无法通过人工经验获得，所以，采用 BPNN 来确定参数反演所需要的初值。与 4.4.2 节相似，设区域 1、2、3 油浸纸板电阻率 ρ_1、ρ_2、ρ_3 变化范围为 $1\times10^{13}\,\Omega\cdot\text{m}\sim1\times10^{14}\,\Omega\cdot\text{m}$，采用等比例法划分 20 个水平。固定油的电阻率 ρ_{oil}，通过正交试验法和正演仿真生成 400 个训练样本，训练样本中的输入为五个端口绝缘电阻 $R_{\text{H-LS}}$、$R_{\text{H-S}}$、$R_{\text{L-HS}}$、$R_{\text{L-S}}$、$R_{\text{HL-S}}$，输出为三个区域的电阻率 ρ_1、ρ_2、ρ_3。最终确定区域 1、2、3 油浸纸板电阻率初值为 $\rho_1 = 3.56\times10^{13}\,\Omega\cdot\text{m}$，$\rho_2 = 2.95\times10^{13}\,\Omega\cdot\text{m}$，$\rho_3 = 7.25\times10^{13}\,\Omega\cdot\text{m}$。

将表 6.7 中的各端口绝缘电阻、ρ_{oil} 代入样机电阻率分区反演模型中，采用参数分区超定反演方法对三个区域的电阻率进行迭代反演。样机三区域油浸纸电阻率迭代反演过程如图 6.13 所示。

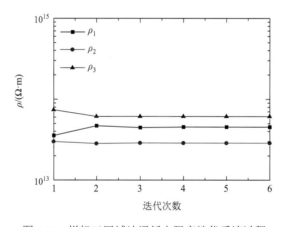

图 6.13　样机三区域油浸纸电阻率迭代反演过程

设区域 1、2、3 油浸纸板相对介电常数 ε_1'、ε_2'、ε_3' 变化范围为 4～60，采用等差法划分 20 个水平。固定 ρ_{oil}、$\varepsilon_{\text{oil}}'(10^{-4}\,\text{Hz})$ 及反演得到的 ρ_1、ρ_2、ρ_3，通过正交试验法和正演仿真生成 400 个训练样本，训练样本中的输入为五个端口介质损耗因数 $\tan\delta_{\text{H-LS}}(10^{-4}\,\text{Hz})$、$\tan\delta_{\text{H-S}}(10^{-4}\,\text{Hz})$、$\tan\delta_{\text{L-HS}}(10^{-4}\,\text{Hz})$、$\tan\delta_{\text{L-S}}(10^{-4}\,\text{Hz})$、$\tan\delta_{\text{HL-S}}(10^{-4}\,\text{Hz})$，输出为三个区域的相对介电常数 ε_1'、ε_2'、ε_3'。最终确定区域 1、2、3 油浸纸板相对介电常数初值为 $\varepsilon_1' = 11.26$，$\varepsilon_2' = 8.28$，$\varepsilon_3' = 9.56$。

将表 6.7 中的各端口介质损耗因数、ρ_{oil} 和 $\varepsilon_{\text{oil}}'(10^{-4}\,\text{Hz})$ 及电阻率的反演结果代入样机相对介电常数分区反演模型中，采用参数分区超定反演方法对三个区域的相对介电常数进行迭代反演。样机三区域油浸纸相对介电常数迭代反演过程如图 6.14 所示。

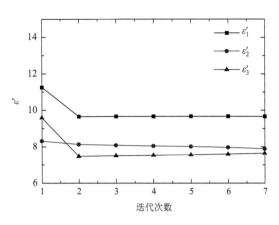

图 6.14　样机三区域油浸纸相对介电常数迭代反演过程

样机绕组绝缘的分区参数反演结果如图 6.14 及表 6.8 所示。与样机绕组绝缘同一批处理的备用油浸纸板理化和电气参数实测值如表 6.9 所示，其中未老化吸湿样品与区域 1、3 的油浸纸板同批次，老化吸湿样品与区域 2 的油浸纸板同批次。可以发现区域 1、3 的电气参数与其同批次的未老化吸湿状态油浸纸板的电气参数相近；区域 2 的电气参数与其同批次的老化吸湿状态油浸纸板的电气参数相近。

表 6.8　样机绕组绝缘三个区域电气参数反演结果

样机绝缘区域	$\rho/(\Omega \cdot m)$	$\varepsilon'/(10^{-4}\ Hz)$
1	4.52×10^{13}	9.67
2	2.83×10^{13}	7.87
3	6.00×10^{13}	7.63

表 6.9　未老化吸湿与老化吸湿后油浸纸样的理化和电气参数实测值

状态	DP	含水量/%	$\rho/(\Omega \cdot m)$	$\varepsilon'/(10^{-4}\ Hz)$	所属老化和受潮状态类别
未老化吸湿	927	1.20	5.85×10^{13}	7.18	2
老化吸湿	396	0.95	2.50×10^{13}	9.14	9

基于 2.7 节的油浸纸聚合度–含水量状态辨识模型对样机三个区域油浸纸板的绝缘状态进行分类，得到分类预测结果如图 6.15 所示，由分类结果可知，区域 1、3 的油浸纸板所属的老化和受潮状态类别为 2，即 $DP \in (800, 1200)$，含水量为 1%～2%，与表 6.9 中未老化吸湿后的样品状态相同，而区域 2 的油浸纸板所属的老化和受潮状态类别为 9，即 $DP \in (300, 500)$，含水量为 0%～1%，与表 6.9 中老化吸湿后的样品状态相同。

综上，基于油浸纸参数分区反演的老化和受潮状态评估方法实现了对样机绕组绝缘不同区域油浸纸老化和受潮状态的评估。

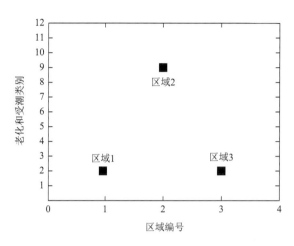

图 6.15　样机绝缘 3 个区域油浸纸老化和受潮分类预测结果

6.2　配电变压器参数分区反演及老化和受潮状态评估

本节以 10 kV 配电变压器为研究对象,围绕其主要绝缘结构,讨论建模和剖分方法。并在此基础上,本节对该变压器不同区域油浸纸的老化与受潮状态进行评估。

6.2.1　试验对象

试验对象为 S13-M-400/10 平面叠铁心配电变压器,如图 6.16 所示。试验时并未投运,密封良好,放置在厂房中数月。

图 6.16　S13-M-400/10 平面叠铁心配电变压器

6.2.2　配电变压器有限元建模、剖分和简化

由于该配电变压器的绕组结构复杂，绝缘纸、纸板等绝缘材料厚度小，但长宽尺寸大。作为变压器的主要绝缘结构，该部位仿真精度直接影响变压器端口输入量的正演计算结果，因此需重点对其加以关注。而变压器内其他部件，如铁心、铁轭、夹件等，模型相对规则，剖分相对容易。

基于上述分析，本节采用模块化的思想，将该配电变压器绝缘结构分为两部分。

（1）绕组绝缘结构，包含 0.5 mm、1～2 mm、0.08 mm 等不同厚度的绝缘纸及撑条、油道、端部绝缘。

（2）铁心、铁轭、夹件等其他部件。

对这两部分分别进行建模，重点关注绕组绝缘结构，建模完成后置于油箱中进行组装，形成完整模型。下面以 S13-M-400/10 平面叠铁心配电变压器为对象讨论变压器模型的建模及简化策略。

绕组绝缘如图 6.17 所示，其绕组被上下两端的端部绝缘所覆盖，其低压绕组由铜箔绕制而成，每层铜箔之间有 2 层 0.08 mm 的点胶纸以保证层间绝缘，高压绕组由包裹 0.06 mm 绝缘漆的漆包线绕制而成，每层之间放置 4 层点胶纸以保证层间绝缘。高压与高压绕组、低压与低压绕组之间设有月牙形半油道，高低压绕组之间设有全油道。

图 6.17　绕组绝缘

在测量端口输入量时，会将高压绕组或低压绕组短路，其层间电位梯度为零，因此高低压绕组内无电场，在建模时不考虑层间绝缘的影响，按照绕组整体尺寸将其建成一整块金属。同时由于绝缘漆仅存在于高压绕组，且其总厚度远小于绕组整体尺寸，在建模时不考虑绝缘漆的影响。根据图纸，局部绕组绝缘二维有限元模型如图 6.18 所示，其中撑条由 1～2 mm 绝缘纸板制作而成，端部绝缘将在之后的 3D 建模中展示。

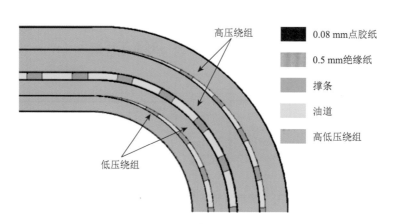

图 6.18 局部绕组绝缘二维有限元模型

图 6.19 为图 6.18 中高低压绕组之间的绝缘放大图,以不同颜色代表不同厚度的纸绝缘、油道和绕组,部分绝缘由数层纸绝缘叠加而成,故相同颜色的纸绝缘厚度略有不同。

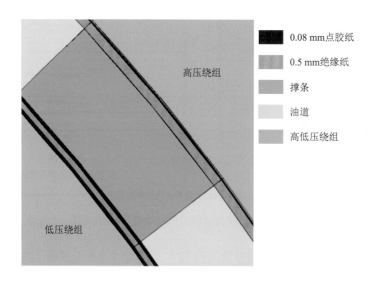

图 6.19 高低压绕组之间的绝缘放大图

与样机建模类似,当忽略每一匝绕组的结构之后,绕组及其绝缘结构任意横截面相同。此时可以采用建立绕组 2D 截面模型,剖分后经过拉伸形成绕组 3D 模型的策略,以实现绕组绝缘的建模和剖分,从而获取较为规则的网格结构。拉伸后的绕组绝缘 3D 模型截面如图 6.20 所示。

同样,由于绕组绝缘中的纸绝缘尺寸远小于绕组绝缘的整体尺寸,可以采用长宽比 k 来控制二维平面模型拉伸后的网格剖分尺寸。

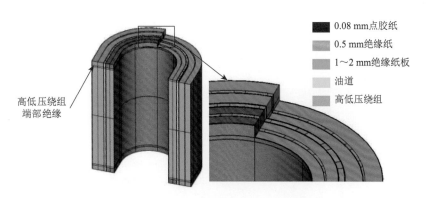

	0.08 mm点胶纸
	0.5 mm绝缘纸
	1～2 mm绝缘纸板
	油道
	高低压绕组

图 6.20　拉伸后的绕组绝缘 3D 模型截面

由于最薄绝缘纸为 0.08 mm 点胶纸，所以 $b = 0.08$ mm，调整单元的纵向拉伸长度 a 来控制单元长宽比，使用四边形网格对薄纸绝缘进行映射剖分，令模型中的所有纸绝缘的电阻率和相对介电常数为 1×10^{14} $\Omega \cdot$m 和 4.5，油的电阻率和相对介电常数为 1×10^{13} $\Omega \cdot$m 和 2.2。并以 $k = 5$ 作为基准值，比较 $k = 5$、10、20、40 时的高低压绕组之间绝缘电阻和 10^{-4} Hz 介质损耗因数计算结果与网格单元总数，如表 6.10 所示。可以看出当 $k = 40$ 时，相对误差只有 0.28%，而网格数较 $k = 5$ 时下降了 99.10%，因此采用 $k = 40$ 作为该变压器绕组绝缘的剖分尺寸。当 $k = 40$ 时高低压绕组之间绝缘的剖分细节如图 6.21 所示。

表 **6.10**　不同长宽比 k 对应的高低压绕组之间端口输入量计算结果和网格数比较

k	$R_{\text{H-L}}/\Omega$	$\tan \delta_{\text{H-L}}/(10^{-4}$ Hz$)$	$R_{\text{H-L}}/\tan \delta_{\text{H-L}}/(10^{-4}$ Hz$)$的相对误差/%	网格数
5	$8.943\ 1 \times 10^{11}$	1.208 2	0/0	3 748 800
10	$8.938\ 9 \times 10^{11}$	1.208 1	0.047/0.008 3	931 020
20	$8.931\ 3 \times 10^{11}$	1.209 4	0.13/0.099	207 726
40	$8.918\ 2 \times 10^{11}$	1.211 6	0.28/0.28	51 920

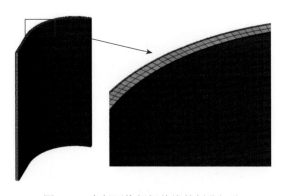

图 6.21　高低压绕组间绝缘的剖分细节

配电变压器的铁心、铁轭、螺杆、木垫块及隔板与垫板等其他部件依据图纸利用 Pro/e 建模软件实现，如图 6.22 所示。

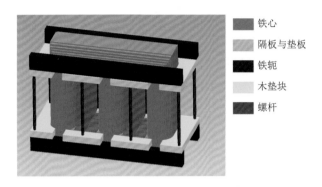

铁心

隔板与垫板

铁轭

木垫块

螺杆

图 6.22　除绕组绝缘外其他部件建模

完成后将绕组绝缘进行布尔组合，如图 6.23 所示。对于箱体上的高低压端子、散热片等部件，由于其不影响端口输入量的测量，所以不对其进行建模，只依据箱体尺寸对外壳进行建模，如图 6.24 所示。

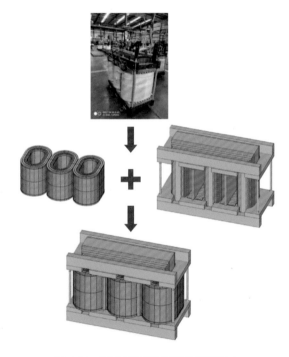

图 6.23　配电变压器有限元模型组合

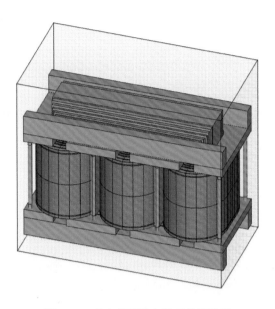

图 6.24　配电变压器有限元整体模型

在对变压器端口输入量进行仿真时，三相的高压绕组和低压绕组均为等电位，因此其电场呈现出前后、左右对称。考虑到变压器自身结构和电场分布的对称性，可进一步将有限元模型简化成 1/4 模型，如图 6.25 所示，计算时对称边界加载自然边界条件。最终简化后的单元总量约为 290 万。

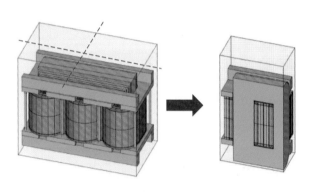

图 6.25　配电变压器整体模型简化

由于该配电变压器测量时尚未投运，其绝缘状态良好，本节依据不同厚度纸绝缘进行分区，即将绕组绝缘按照 0.5 mm 油浸纸（ρ_1、ε_1'）、1～2 mm 油浸纸板（ρ_2、ε_2'）、0.08 mm 点胶纸（ρ_3、ε_3'）分成三个区域，并对这三种不同厚度的油浸纸的电气参数进行反演，对其绝缘状态进行评估。需要说明的是，如图 6.20 所示，三种厚度的油浸纸在绕组的油纸绝缘中分散分布，即各种厚度油浸纸在高低压绕组之间、高压绕组和箱体之间、低压绕组和铁心之间及端绝缘处等均有分布，同时，绕组绝缘由这三种厚度的绝缘纸组成。

变压器油浸纸绝缘状态反演方法与应用

6.2.3 端口输入量的测量

依旧采用表5.3中的五种接线方式测量变压器各端口输入量,绝缘电阻采用UT513A绝缘电阻仪进行测量,可实时记录试验曲线;FDS采用 IDAX300 进行测量,测量温湿度为 23℃/45%,测量时,将同一侧绕组的各端子用铜线短接。同时在变压器高低压端子的瓷套表面装设屏蔽线,并将其接至测量设备的接地或者屏蔽端,以将表面泄漏电流引至测量回路之外,排除绝缘子上表面泄漏电流的影响,保证测量结果的准确性。测量时屏蔽线的设置如图 6.26 所示。

图 6.26　测量时屏蔽线的设置

以高压对低压和箱体（H-LS）的接线方式为例,对应的端口输入量测量实物图如图 6.27 和图 6.28 所示。测量得到的绝缘电阻 R 和 FDS 测量曲线如图 6.29 所示,并与油的电气参数一起列于表 6.11 中,R 取稳态值。限于 UT513A 仪器量程,绝缘电阻测量电压为 5000 V,FDS 测量电压有效值为 140 V。

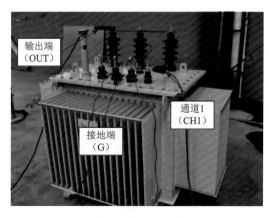

图 6.27　FDS 测量

图 6.28　绝缘电阻测量

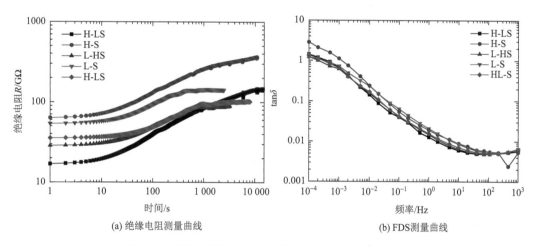

(a) 绝缘电阻测量曲线　　　　　　　　　(b) FDS测量曲线

图 6.29　配电变压器各端口绝缘电阻 R 和 FDS 测量曲线

表 6.11　配电变压器各端口输入量及油的电气参数测量值

接线方式	R/Ω	$\tan\delta/(10^{-4}\,\text{Hz})$	$\rho_{\text{oil}}/\,\varepsilon'_{\text{oil}}/(10^{-4}\,\text{Hz})$
H-LS	1.46×10^{11}	1.43	
H-S	3.60×10^{11}	2.88	
L-HS	9.00×10^{10}	1.23	$6.11\times10^{12}\,\Omega\cdot\text{m}/6.67$
L-S	1.43×10^{11}	1.22	
HL-S	1.00×10^{11}	1.37	

6.2.4　参数分区反演结果

将测量得到的端口输入量和油的电气参数作为反演输入量输入变压器分区反演模

型中。采用 BPNN 确定各厚度油浸纸电气参数初值，水平划分、训练样本的构成和网络参数设置与 5.2.5 节相同，得到各区域参数初值如表 6.12 所示。

表 6.12　基于 BPNN 的分区电阻率、相对介电常数反演初值

电阻率	初值计算结果/Ω·m	相对介电常数	初值计算结果
ρ_1	1.23×10^{14}	ε_1'	6.65
ρ_2	1.72×10^{14}	ε_2'	7.13
ρ_3	6.86×10^{13}	ε_3'	9.91

基于表 6.12 中的参数初值，采用超定反演方法对配电变压器各厚度油浸纸的电气参数进行反演，迭代结果如图 6.30 所示，可知电阻率和相对介电常数分别经历了 6 次和 5 次迭代后收敛。提取分区参数最终迭代反演结果如表 6.13 所示。

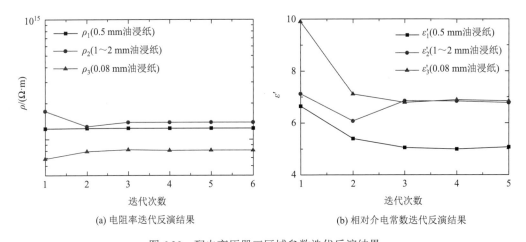

(a) 电阻率迭代反演结果　　(b) 相对介电常数迭代反演结果

图 6.30　配电变压器三区域参数迭代反演结果

表 6.13　配电变压器分区电阻率、相对介电常数反演值

电阻率	反演值/Ω·m	相对介电常数	反演值
ρ_1	1.24×10^{14}	ε_1'	5.07
ρ_2	1.39×10^{14}	ε_2'	6.79
ρ_3	8.12×10^{13}	ε_3'	6.85

6.2.5　老化和受潮状态评估

将反演得到的三个区域的电阻率 ρ 和相对介电常数 ε'(10^{-4} Hz)作为输入，通过油浸纸聚合度-含水量状态辨识模型进行分类，结果如图 6.31 所示。

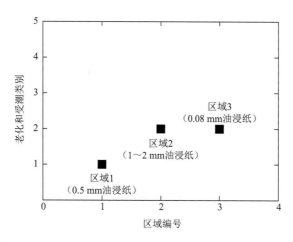

图 6.31　配电变压器三区域油浸纸老化和受潮类别分类结果

由图 6.31 可知，0.5 mm、1～2 mm、0.08 mm 油浸纸的老化和受潮类别分别为 1、2、2，即 0.5 mm 油浸纸属于干燥未老化状态，其 DP∈(800, 1200)，含水量∈(0, 1%)；而 1～2 mm 和 0.08 mm 油浸纸的 DP∈(800, 1200)，为未老化状态，其含水量为 1%～2%。

由于该配电变压器在测量时尚未投运，且密封良好，所以其老化和受潮状态评估结果属于合理范围内，直接证明了本节提出的变压器油浸纸参数分区反演及老化和受潮状态评估方法的可行性。

6.3　本 章 小 结

为了模拟变压器主绝缘结构，本章搭建了可拆卸的变压器样机，采用参数分区超定反演方法对其不同区域油浸纸板的电气参数 ρ 和 $\varepsilon'(10^{-4}\ \text{Hz})$进行了反演，由 BPNN 提供参数反演初值，结合油浸纸聚合度-含水量状态辨识模型对不同区域油浸纸板的老化和受潮状态进行评估，结果与试验值吻合。同时，通过仿真确定了样机的模型简化方法和网格剖分尺寸，为配电变压器的建模、剖分奠定基础。

最后，对 10 kV 配电变压器内各区域油浸纸的老化和受潮状态进行评估。得到如下结论：

（1）由于该变压器的绕组绝缘结构复杂，绝缘纸、纸板等绝缘材料厚度小，建模和剖分时对该部分重点关注，对影响不大的部件如绕组、绝缘漆、高低压端子及散热片等进行了相应简化，采用长宽比 $k = 40$ 控制网格尺寸，在减少整体剖分网格数量的同时，保证了网格质量和计算精度；考虑到变压器自身结构和电场分布的对称性，进一步将有限元模型简化成 1/4 模型以提高计算效率。

（2）将测量得到各端口输入量和油的电气参数作为反演输入量，采用 BP 神经网络确定参数反演初值，对配电变压器内部油纸绝缘不同厚度油浸纸的电气参数进行反演，得到 0.5 mm、1～2 mm 和 0.08 mm 油浸纸的电阻率 ρ 分别为 1.24×10^{14} $\Omega \cdot m$、1.39×10^{14} $\Omega \cdot m$、8.12×10^{13} $\Omega \cdot m$，低频相对介电常数 ε'(10^{-4} Hz)分别为 5.07、6.79、6.85。采用油浸纸聚合度-含水量状态辨识模型对该变压器油浸纸的老化和受潮状态进行评估，结果表明 0.5 mm 油浸纸处于干燥未老化状态，即 DP$\in$(800, 1200)，含水量$\in$(0, 1%)；而 1～2 mm 和 0.08 mm 油浸纸的 DP$\in$(800, 1200)，为未老化状态，其含水量为 1%～2%。由于该变压器测量时尚未投运，所以，该评估结果属于合理范围内。

后　记

　　本书以油浸式配电变压器为研究对象，通过制作不同老化和受潮状态的油浸纸样，研究了老化、水分、温度和变压器油对其时频域介电响应的影响。通过比较，提取了能够区分、表征油浸纸样老化和受潮状态的电气参数——电阻率 ρ 和低频相对介电常数 $\varepsilon'(10^{-4}\ \text{Hz})$，并基于试验结合支持向量机建立了油浸纸聚合度-含水量的状态辨识模型。

　　为了提取特征值和变压器内油浸纸局部绝缘信息，基于有限元电场仿真和 NDM-Broyden 提出了变压器油浸纸参数分区恰定反演方法，对变压器不同区域油浸纸的电气参数进行反演计算，并围绕计算精度、效率、算法鲁棒性等方面对反演算法进行优化，最后结合变压器油浸纸参数超定分区反演方法及聚合度-含水量状态辨识模型对样机与 10 kV 配电变压器不同区域油浸纸的老化和受潮状态进行评估，得到如下结论：

　　（1）油浸纸样试验表明，老化和水分对极化电流曲线末端影响效果相似；但对于复相对介电常数实部 ε' 的影响则不同；含水量的增加会使得实部 ε' 在低频段大幅度上升，其影响远大于老化。温度对油浸纸样时频域介电响应的影响明显，可以通过基于活化能的主曲线平移方法来消除。油的状态、类型只会影响油浸纸样极化电流曲线的初始部分和复相对介电常数虚部 ε'' 的中高频段；在总结老化与水分对油浸纸样 ρ 和 $\varepsilon'(10^{-4}\ \text{Hz})$ 影响规律的基础上，以 ρ 和 $\varepsilon'(10^{-4}\ \text{Hz})$ 作为老化和受潮特征量，结合支持向量机建立油浸纸聚合度-含水量状态辨识模型以区分与评估油浸纸老化和受潮状态。

　　（2）为了获得变压器内部不同区域油浸纸的 ρ 和 $\varepsilon'(10^{-4}\ \text{Hz})$，以变压器油纸绝缘二维轴对称有限元模型为例，建立变压器端口绝缘电阻 R、低频介质损耗因数 $\tan\delta$ 的正演计算模型，并引入迭代反演思想，以变压器油电气参数、变压器端口可测量绝缘电

阻 R 和介质损耗因数 $\tan\delta(10^{-4}\,\mathrm{Hz})$ 作为反演输入量，借助变压器绝缘结构的电场仿真，提出油浸纸参数分区恰定反演方法，并结合 XY 模型对反演方法、聚合度-含水量状态辨识模型进行验证，结果表明：

①基于 NRM 的反演算法过于依赖初值，初值选择不当会导致反演结果不收敛；而引入下山因子的 NDM 通过修正误差范数 $\|E_r\|$ 使其单调下降，可以有效地降低 NRM 对初值的依赖，提高算法的收敛性。

②NDM 修正 $\|E_r\|$ 会增加计算量，Broyden 法以近似矩阵 B 代替 NDM 的雅可比矩阵 J，大大降低了有限元计算次数，提高了计算效率。因此，采用 NDM 和 Broyden 法相结合的 NDM-Broyden 法既具有 NDM 收敛稳定、精度高的特点，又保留了 Broyden 法计算效率高的优势，大大提升了反演算法的应用范围。

③对 XY 模型中上下油浸纸板的参数反演与老化状态评估结果初步验证了恰定反演方法和状态辨识模型的有效性。

（3）为了减少反演值对端口输入量测量噪声的敏感性，引入超定方程组改进分区恰定反演方法，增加了端口输入量的数量，构建输入量个数大于未知数个数的超定方程组，并采用最小二乘法对其进行求解，将输入量噪声平均化。最终将恰定方程组下通过附加随机噪声的输入量反演得到 ρ 的最大相对误差从 222.50% 降至 4.57%，$\varepsilon'(10^{-4}\,\mathrm{Hz})$ 的最大相对误差从 22.60% 降至 0.32%，提升了反演算法对输入量噪声的鲁棒性。

考虑到老化和受潮状态未知的变压器难以确定其各区域油浸纸电气参数的初值，为了进一步提高反演效率，确定反演初值，提出了基于 BPNN 的油浸纸参数初值获取方法。仿真结果表明：采用基于 BPNN 计算得到的初值，可以有效地减少迭代步数，降低有限元计算次数，经计算，ρ 和 $\varepsilon'(10^{-4}\,\mathrm{Hz})$ 反演的有限元计算次数分别下降了 43.48% 和 60.00%。

（4）为了验证改进后油浸纸参数分区超定反演方法及聚合度-含水量状态辨识模型的有效性，制作了可拆卸变压器样机，在实验室条件下对其局部区域进行加速热老化和自然吸湿，并采用参数分区反演算法结合聚合度-含水量状态辨识模型，对样机的不同区域油浸纸进行了状态评估，初步验证了超定反演方法和状态辨识模型的有效性。反演过程中，针对样机的有限元模型简化和网格剖分问题进行讨论，提出利用长宽比 $k=20$ 和模型对称性来控制网格尺寸与数量，在保证计算精度的前提下提高了计算效率。

利用变压器油浸纸参数分区超定反演方法及油浸纸聚合度-含水量状态辨识模型对 10 kV 配电变压器的绝缘状态进行评估，以不同厚度油浸纸电气参数作为反演对象，在建模中对绕组绝缘重点关注，对影响不大的部件如绕组、绝缘漆、高低压端子及散热片等进行了相应简化，采用长宽比 $k=40$ 控制网格尺寸，利用模型对称性将其简化成 1/4 模型，评估结果表明，0.5 mm 油浸纸处于干燥未老化状态，即 $\mathrm{DP}\in(800,1200)$，含水量 $\in(0,1\%)$；而 $1\sim2$ mm 和 0.08 mm 油浸纸的 $\mathrm{DP}\in(800,1200)$，为未老化状态，其含水量为 $1\%\sim2\%$。由于该变压器测量时尚未投运，所以该评估结果属于合理范围内。

为了进一步提升基于参数分区反演的变压器油浸纸老化与受潮状态评估方法的可行性和应用性，仍有如下工作有待完善：

（1）优化油纸绝缘分区方式、数量，进一步推广至更高电压等级变压器。变压器油纸绝缘老化形式主要为热老化，受温度影响较大，一方面，可以利用温度场仿真确定在运变压器不同工况下的温度场分布，并据此对变压器油纸绝缘的薄弱区域进行分区，另一方面，部分区域电气参数对变压器端口输入量的影响较小，这会导致该区域反演结果不准确甚至不收敛，因此，需要对变压器油纸绝缘分区方式进行进一步研究。同时在反演过程中，由于分区数量需小于等于端口输入量的数量，适当地增加端口输入量可以获得更多区域的电气参数，需在现有基础上寻找更多合适的端口输入量。

电压等级更高的油浸式电力变压器绝缘结构更为复杂，内部温度分布更加不均匀，因此，合理划分绝缘区域、增加分区数量可为进一步将反演和评估方法推广至更高电压等级变压器奠定基础。

（2）对老化变压器的状态评估。由于条件限制，只对未投运的新配电变压器进行了参数反演和状态评估，需要进一步与有关单位合作，对处于绝缘老化中期、末期的各电压等级变压器进行测量、反演，积累更多的有效数据，对反演与评估方法进一步完善和补充。

参 考 文 献

[1] 吴广宁，宋臻杰，俞孝峰，等. 基于修正 Debye 模型的油浸绝缘纸不均匀老化时域介电特性[J]. 高电压技术，2018，44（4）：1239-1246.

[2] 周利军，李先浪，王东阳，等. 不均匀老化油纸绝缘稳态水分分布的频域介电谱[J]. 高电压技术，2015，41（6）：1951-1958.

[3] 闫江燕，王学磊，李庆民，等. 绝缘纸高温裂解的分子动力学模拟研究[J]. 中国电机工程学报，2015，35（22）：5941-5949.

[4] EMSLEY A M，STEVENS G C. Review of chemical indicators of degradation of cellulosic electrical paper insulation in oil-filled transformers[J]. IEE Proceedings Science，Measurement and Technology，1994，141（5）：324-334.

[5] 井永腾. 大容量变压器中油流分布与绕组温度场研究[D]. 沈阳：沈阳工业大学，2014.

[6] 国家市场监督管理总局. 电力变压器 第 7 部分：油浸式电力变压器负载导则：GB/T 1094.7—2008[S]. 北京：中国电力出版社，2008.

[7] 王伟，马志青，李成榕，等. 纤维素老化对油纸绝缘水分平衡的影响[J]. 中国电机工程学报，2012，32（31）：100-105.

[8] SIMONI L. A general approach to the endurance of electrical insulation under temperature and voltage[J]. IEEE Transactions on Electrical Insulation，1981，16（4）：277-289.

[9] CYGAN P，LAGHARI J R. Models for insulation aging under electrical and thermal multistress[J]. IEEE Transactions on Electrical Insulation，1990，25（5）：923-934.

[10] IEEE. IEEE Guide for the Statistical Analysis of Electrical Insulation Breakdown Data：IEEE Std 930-2004[S]. IEEE，2005.

[11] 张宇航. 油纸绝缘热-电联合老化特性研究[D]. 福州：福州大学，2016.

[12] 汪正江. 植物油纸绝缘多参量电老化特性及寿命模型[D]. 重庆：重庆大学，2015.

[13] 龚森廉. 电力变压器油纸绝缘寿命预测模型和可靠度评估方法研究[D]. 重庆：重庆大学，2012.

[14] SAHA T K. Transformer ageing：Monitoring and estimation techniques[M]. Singapore：Wiley-IEEE Press，2017.

[15] LEIBFRIED T，KACHLER A J，ZAENGL W S，et al. Ageing and moisture analysis of power transformer insulaiton systems[C]//2002 CIGRE Session，Paris，2002：1-6.

[16] 张颖. 电力变压器油纸绝缘热解过程微观机制研究[D]. 北京：华北电力大学，2016.

[17] FABRE J，PICHON A. Deteriorating processes and products of paper in oil application to transformers[C]//CIGRE，Paris，1960.

[18] HEYDON R G，GRONOWSKI B，RUNGIS J，et al. Condition monitoring of transformer oil[C]. International Conference on Power Electronic Drives and Energy Systems for Industrial Growth，Perth，1998：249-253.

[19] LUNDGAARD L E，HANSEN W，LINHJELL D，et al. Aging of oil-impregnated paper in power transformers[J]. IEEE Transactions on Power Delivery，2004，19（1）：230-239.

[20] 李海燕，何梦，黄林，等. 超高压变压器油中酸类物质的生成规律和变压器热老化状况分析[J]. 高电压技术，2015，41（6）：1959-1964.

[21] 廖瑞金，郝建，梁帅伟，等. 水分和酸对矿物油与天然酯混合油-纸绝缘热老化的影响[J]. 电工技术学报，2010，25（7）：31-37.

[22] 吴广宁，崔运光，段宗超，等. 有机酸对变压器油纸绝缘进一步热老化的催化作用试验研究[J]. 高电压技术，2015，41（3）：832-839.

[23] EMSLEY A M，XIAO X. Degradation of cellulosic insulation in power transformers. Part 3：effects of oxygen and water on ageing in oil[J]. IEE Proceedings. Part A，2000，147（3）：115-119.

[24] 杨丽君. 变压器油纸绝缘老化特征量与寿命评估方法研究[D]. 重庆：重庆大学，2009.

[25] 孙会刚. 水分对油纸绝缘热老化及寿命的影响与热老化程度表征研究[D]. 重庆：重庆大学，2011.

[26] KOCH M. Reliable Moisture Determination in Power Transformer[D]. Stuttgart：Universität Stuttgart，2008.

[27] SHKOLNIK A. Determination of water content in transformer insulation[C]//14th International Conference on Dielectric Liquids，Graz，2002：337-340.

[28] WANG Q，HAO J，LIU T，et al. Breakdown characteristics of oil impregnated insulation paper with different ageing condition under the composite electric field[J]. Applied Mechanics and Materials，2014，513-517：328-331.

[29] 唐超，廖瑞金，黄飞龙，等. 电力变压器绝缘纸热老化的击穿电压特性[J]. 电工技术学报，2010，25（11）：1-8.

[30] NIASAR M G，TAYLOR N，EDIN H，et al. Impact of thermal and electrical aging on breakdown strength of oil-impregnated paper[C]//IEEE Eindhoven Powertech，Eindhoven，2015：1-5.

[31] NIASAR M G. Mechanisms of electrical ageing of oil impregnated paper due to partial discharges[D]. Stockholm：Kungl Tekniska Högskolan，2015.

[32] SUN P，SIMA W，YANG M，et al. Influence of thermal aging on the breakdown characteristics of transformer oil impregnated paper[J]. IEEE Transactions on Dielectrics and Electrical Insulation，2016，

23（6）：3373-3381.

[33] TANG C，LIAO R，YANG L，et al. Research on the dielectric properties and breakdown voltage of transformer oil-paper insulation after accelerating thermal ageing[C]//2010 International Conference on High Voltage Engineering and Application，New Orleans，2010：389-392.

[34] EMSLEY A M，HEYWOOD R J，ALI M，et al. Degradation of cellulosic insulation in power transformers. Part 4：Effects of ageing on the tensile strength of paper[J]. IEE Proceedings Science，2002，147（6）：285-290.

[35] HILL D J T，LE T T，DARVENIZA M，et al. A study of degradation of cellulosic insulation materials in a power transformer，part 2：Tensile strength of cellulose insulation paper[J]. Polymer Degradation and Stability，1995，49（3）：429-435.

[36] 刘玉仙. 变压器油纸绝缘的含湿分析及其对运行安全的影响[J]. 变压器，2002，39（5）：1-6.

[37] 崔立丽，王乃庆. 水份对变压器油纸绝缘沿面放电影响的探讨[J]. 电网技术，1987（4）：56-63.

[38] 尹建国. 油纸绝缘热老化过程中水分转移规律及其对热老化特性的影响[D]. 重庆：重庆大学，2010.

[39] KRAUSE C，BRUPBACHER P，FEHLMANN A，et al. Moisture effects on the electric strength of oil/pressboard insulation used in power transformers[C]//IEEE International Conference on Dielectric Liquids，Coimbra，2005：369-372.

[40] BUTCHER M. Mechanisms of Charge Conduction and Breakdown in Liquid Dielectrics[D]. Lubbock：Texas Tech University，2005.

[41] PRZYBYLEK P. The influence of cellulose insulation aging degree on its water sorption properties and bubble evolution[J]. IEEE Transactions on Dielectrics and Electrical Insulation，2010，17（3）：906-912.

[42] 汪佛池，程祥瑞，赵涛，等. 油纸绝缘中气泡的生成特性及其对击穿性能的影响[J]. 高压电器，2020，56（1）：61-67.

[43] KOCH M，TENBOHLEN S. Systematic investigations on the evolution of water vapour bubbles in oil-paper-insulations[C]//The 15th International Symposium on High Voltage Engineering，Ljubljana，2007.

[44] 高波，许竟，夏国强，等. 基于频域介电谱法研究甲酸对油纸绝缘水分评估的影响[J]. 高压电器，2019，55（2）：208-213.

[45] 廖瑞金，刘捷丰，吕彦冬，等. 变压器油纸绝缘含水量定量评估的频域介电特征参量研究[J]. 电工技术学报，2015，30（1）：204-211.

[46] LUNDGAARD L E，HANSEN W，INGEBRIGTSEN S，et al. Aging of kraft paper by acid catalyzed hydrolysis[C]//IEEE International Conference on Dielectric Liquids，Coimbra，2005：381-384.

[47] 黎成林. 基于介电响应的变压器油浸纸老化程度与水分含量评估方法研究[D]. 成都：西南交通大学，2016.

[48] KRAUSE C. Power transformer insulation-history，technology and design[J]. IEEE Transactions on Dielectrics and Electrical Insulation，2012，19（6）：1941-1947.

[49] 付强，彭磊，李丽，等. 基于油中游离纤维光学特性的绝缘纸聚合度方法研究[J]. 绝缘材料，2019，52（4）：45-49.

[50] 张欲晓，李胜利，王梦君，等. 变压器绝缘纸的聚合度变化规律[J]. 高电压技术，2011，37（10）：2458-2463.

[51] EKAMSTAM A. The behavior of cellulose in mineral acid solutions：Kinetics study of decomposition of cellulose in acid solutions[J]. Berichte der Deutschen Chemischen Gesellschaft，1936，69：553-559.

[52] EMSLEY A M. The kinetics and mechanisms of degradation of cellulosic insulation in power transformers[J]. Polymer Degradation and Stability，1994，44（3）：343-349.

[53] 国家能源局. 油浸式变压器绝缘老化判断导则：DL/T 984—2018[S]. 北京：中国电力出版社，2018.

[54] OOMMEN T V，ARNOLD L N. Cellulose insulation materials evaluated by degree of polymerization measurements[C]//The 15th Electrical/Electronics Insulation Conference，Chicago，1981：19-22.

[55] 国家质量监督检验检疫总局，国家标准化管理委员会. 新的和老化后的纤维素电气绝缘材料粘均聚合度的测量：GB/T 29305—2012[S]. 北京：中国电力出版社，2012.

[56] ALI M，EMSLEY A M，HERMAN H，et al. Spectroscopic studies of the ageing of cellulosic paper[J]. Polymer，2001，42（7）：2893-2900.

[57] BAIRD P J，HERMAN H，STEVENS G C，et al. Non-destructive measurement of the degradation of transformer insulating paper[J]. IEEE Transactions on Dielectrics and Electrical Insulation，2006，13（2）：309-318.

[58] 廖瑞金，周旋，杨丽君，等. 变压器油纸绝缘热老化过程的中红外光谱特性[J]. 重庆大学学报，2011，34（2）：1-6.

[59] 李元，张釜，唐峰，等. 利用近红外光谱定量评估绝缘纸聚合度的建模方法研究[J]. 中国电机工程学报，2019，39（S1）：287-296.

[60] 蔡德华，李胜利，吴垂明，等. 漫反射光谱法检测变压器绝缘纸聚合度[J]. 高压电器，2016，52（8）：126-130.

[61] DUVAL M. Dissolved gas analysis：It can save your transformer[J]. IEEE Electrical Insulation Magazine，1989，5（6）：22-27.

[62] TEYMOURI A，VAHIDI B. CO_2/CO concentration ratio：A complementary method for determining the degree of polymerization of power transformer paper insulation[J]. IEEE Electrical Insulation Magazine，2017，33（1）：24-30.

[63] 王万华. 变压器绝缘老化诊断中应注意的问题[J]. 高电压技术，1995，21（3）：79-82.

[64] CIGRE Task Force D1.01.10. Ageing of cellulose in mineral-oil insulated transformers[R]. Paris：CIGRE，2007.

[65] 廖瑞金,刘刚,李爱华,等. 不同油纸复合绝缘老化时生成 CO、CO_2 的规律[J]. 高电压技术,2009，35（4）：755-760.

[66] 国家质量监督检验检疫总局. 变压器油中溶解气体分析和判断导则：GB/T7252—2001 [S]. 北京：中国标准出版社，2011.

[67] BURTON P J，GRAHAM J，HALL A C，et al. Recent developments by CEGB to improve the prediction and monitoring of transformer performance[C]//CIGRE Conference，Paris，1984.

[68] STONE G C. The statistics of aging models and practical reality[J]. IEEE Transactions on Electrical Insulation，1993，28（5）：716-728.

[69] SHROFF D H，STANNETT A W. A review of paper aging in power transformers[J]. IEE Proceedings of Generation，Transmission and Distribution，1985，132（6）：312-319.

[70] CIGRE Working Group D1.01（TF13）. Furanic compounds for diagnosis[R]. Paris：CIGRE，2012.

[71] 国家能源局. 电力设备预防性试验规程. DL/T 596—2021[S]. 北京：中国电力出版社，2021.

[72] 廖瑞金，周欣，杨丽君，等. 变压器油中水分对糠醛扩散及分布影响的分子动力学研究[J]. 高电压技术，2011，37（6）：1321-1328.

[73] 向彬，廖瑞金，杨丽君，等. 变压器矿物油中糠醛的稳定性研究[J]. 高电压技术，2007，33（8）：85-87.

[74] 林元棣，杨丽君，廖瑞金，等. 糠醛在油纸绝缘系统中的动态扩散过程[J]. 电工技术学报，2017，32（12）：241-250.

[75] 蔡金锭，林智勇，蔡嘉. 基于等效电路参数的变压器油中糠醛含量判别法研究[J]. 仪器仪表学报，2016，37（3）：706-713.

[76] 李月英，周永闯，李伟. 换油对油纸绝缘热老化特性参数的影响研究[J]. 变压器，2020，57（4）：28-32.

[77] 李光茂，乔胜亚，朱晨，等. 变压器油中溶解甲醇拉曼光谱检测定量分析方法[J]. 高电压技术，2021，47（6）：2007-2014.

[78] BRUZZONITI M C，MAINA R，CARLO R M D，et al. GC methods for the determination of methanol and ethanol in insulating mineral oils as markers of cellulose degradation in power transformers[J]. Chromatographia，2014，77（15）：1081-1089.

[79] 彭磊，付强，李丽，等. 基于变压器油中甲醇含量的绝缘纸聚合度检测方法[J]. 变压器，2019，56（3）：50-54.

[80] MATHARAGE S Y，LIU Q，WANG Z D. Aging assessment of kraft paper insulation through methanol in oil measurement[J]. IEEE Transactions on Dielectrics and Electrical Insulation，2016，23（3）：1589-1596.

[81] ARIASTINA W G，KHAWAJA R H，BLACKBURN T R. Investigation of partial discharge properties in oil-impregnated insulation[C]//IEEE 8th International Conference on Properties and applications of Dielectric Materials，Bali，2006：714-717.

[82] KHAWAJA R H，ARIASTINA W G，BLACKBURN T R. Partial discharge behaviour in oil-impregnated insulation[C]//The 7th International Conference on Properties and Applications of Dielectric Materials，Nagoya，2003：1166-1169.

[83] POMPILI M，MAZZETTI C. Partial discharge behavior in switching-surge-aged oil-paper capacitor bushing insulation[J]. IEEE Transactions on Dielectrics and Electrical Insulation，2002，9（1）：104-111.

[84] KIIZA R C，NIASAR M G，NIKJOO R，et al. Change in partial discharge activity as related to degradation level in oil-impregnated paper insulation：Effect of high voltage impulses[J]. IEEE Transactions on Dielectrics and Electrical Insulation，2014，21（3）：1243-1250.

[85] 廖瑞金，杨丽君，孙才新，等. 基于局部放电主成分因子向量的油纸绝缘老化状态统计分析[J]. 中国电机工程学报，2006，26（14）：114-119.

[86] 周天春，杨丽君，廖瑞金，等. 基于局部放电因子向量和 BP 神经网络的油纸绝缘老化状况诊断[J]. 电工技术学报，2010，25（10）：18-23.

[87] 谢军. 变压器油纸绝缘局部放电劣化规律及诊断方法[D]. 北京：华北电力大学，2016.

[88] OSVATH P，ZAHN H. Polarisation spectrum analysis for diagnosis of oil/paper insulation systems[C]//International Symposium on Electrical Insulation，Pittsburgh，1994：155-161.

[89] SAHA T K，PURKAIT P. Understanding the impacts of moisture and thermal ageing on transformer's insulation by dielectric response and molecular weight measurements[J]. IEEE Transactions on

Dielectrics and Electrical Insulation，2008，15（2）：568-582.

[90] SAHA T K，YAO Z T. Experience with return voltage measurements for assessing insulation conditions in service-aged transformers[J]. IEEE Transactions on Power Delivery，2003，18（1）：128-135.

[91] 贡春艳. 极化去极化电流法和回复电压法融合的油纸绝缘老化状态评估[D]. 重庆：重庆大学，2013.

[92] 高宗宝，吴广宁，周利军，等. 水份含量对变压器油纸绝缘系统回复电压参数影响规律的研究[J]. 高压电器，2011，47（4）：37-41.

[93] 王世强，魏建林，张冠军，等. 温度对油纸绝缘介电响应特性的影响[J]. 电工技术学报，2012，27（5）：50-55.

[94] 王晓剑，吴广宁，李先浪，等. 酸值对变压器油纸绝缘系统回复电压参数影响规律研究[J]. 电力自动化设备，2013，33（12）：133-139.

[95] 林智勇，蔡金锭. 基于回复电压特征量的油纸绝缘老化诊断[J]. 电子测量与仪器学报，2015，29（11）：1669-1676.

[96] 廖瑞金，杨丽君，郑含博，等. 电力变压器油纸绝缘热老化研究综述[J]. 电工技术学报，2012，27（5）：1-12.

[97] FRIMPONG G，GAFVERT U，FUHR J. Measurement and modeling of dielectric response of composite oil/paper insulation[C]//The 5th International Conference on Properties and Applications of Dielectric Materials，Seoul，1997：86-89.

[98] 王世强，张冠军，魏建林，等. 纸板的老化状态对其 PDC 特性影响的实验研究[J]. 中国电机工程学报，2011，31（34）：177-183.

[99] 杨丽君，齐超亮，吕彦冬，等. 热老化时间及测试温度对油纸绝缘时域介电特性的影响[J]. 中国电机工程学报，2013，33（31）：162-169.

[100] 杨雁，杨丽君，徐积全，等. 用于评估油纸绝缘热老化状态的极化/去极化电流特征参量[J]. 高电压技术，2013，39（2）：336-341.

[101] HAO J，LIAO R，CHEN G，et al. Quantitative analysis ageing status of natural ester-paper insulation and mineral oil-paper insulation by polarization/depolarization current[J]. IEEE Transactions on Dielectrics and Electrical Insulation，2012，19（1）：188-199.

[102] ZHOU Y，ZHANG T，ZHANG D，et al. Using polarization/depolarization current characteristics to estimate oil paper insulation aging condition of the transformer[C]//2016 IEEE International Conference on High Voltage Engineering and Application，Chengdu，2016：1-4.

[103] SAHA T K，PURKAIT P. Investigation of an expert system for the condition assessment of transformer insulation based on dielectric response measurements[J]. IEEE Transactions on Power Delivery，2004，19（3）：1127-1134.

[104] SAHA T K，PURKAIT P，MULLER F. Deriving an equivalent circuit of transformers insulation for understanding the dielectric response measurements[J]. IEEE Transactions on Power Delivery，2005，20（1）：149-157.

[105] 贺德华，蔡金锭，黄云程. 基于等效电路参数特征量的油纸绝缘老化状态评估[J]. 电机与控制学报，2017，21（6）：44-49.

[106] 贺德华，蔡金锭，蔡嘉. 油纸绝缘等效电路参数辨识及老化状态评估[J]. 高电压技术，2017，43（6）：1988-1994.

[107] KOCH M，PREVOST T. Analysis of dielectric response measurements for condition assessment of oil-paper transformer insulation[J]. IEEE Transactions on Dielectrics and Electrical Insulation，2012，19（6）：1908-1915.

[108] LINHJELL D，LUNDGAARD L，GAFVERT U. Dielectric response of mineral oil impregnated cellulose and the impact of aging[J]. IEEE Transactions on Dielectrics and Electrical Insulation，2007，14（1）：156-169.

[109] POOVAMMA P K，AHMED T R A，VISWANATHA C，et al. Evaluation of transformer oil by frequency domain technique[C]//2008 IEEE International Conference on Dielectric Liquids，Futuroscope-Chasseneuil，2008：1-4.

[110] GIELNIAK J，GRACZKOWSKI A，MOSCICKA-GRZESIAK H. Does the degree of cellulose polymerization affect the dielectric response？[J]. IEEE Transactions on Dielectrics and Electrical Insulation，2011，18（5）：1647-1650.

[111] YEW J H，SAHA T K，THOMAS A J. Impact of temperature on the frequency domain dielectric spectroscopy for the diagnosis of power transformer insulation[C]//2006 IEEE Power Engineering Society General Meeting，Montreal，2006.

[112] LIAO R J，HAO J，CHEN G，et al. Quantitative analysis of ageing condition of oil-paper insulation by frequency domain spectroscopy[J]. IEEE Transactions on Dielectrics and Electrical Insulation，2012，19（3）：821-830.

[113] 廖瑞金，刘捷丰，杨丽君，等. 电力变压器油纸绝缘状态评估的频域介电特征参量研究[J]. 电工技术学报，2015，30（6）：247-254.

[114] WANG L，DONG M，DAI J Z，et al. Aging characteristic parameter extraction of oil-paper insulation based on frequency domain spectroscopy[C]//International Conference on Condition Monitoring and Diagnosis，Xi'an，2016：968-971.

[115] CIGRE Task Force D1.01.09. Dielectric response methods for diagnostics of power transformers[R]. Paris：CIGRE，2002.

[116] 董明，王丽，吴雪舟，等. 油纸绝缘介电响应检测技术研究现状与发展[J]. 高电压技术，2016，42（4）：1179-1189.

[117] MARTIN D，SAHA T K. A review of the techniques used by utilities to measure the water content of transformer insulation paper[J]. IEEE Electrical Insulation Magazine，2017，33（3）：8-16.

[118] OOMMEN T V. Moisture equilibrium in paper-oil insulation systems[C]//1983 EIC 6th Electrical/ Electronical Insulation Conference，Chicago，1983：162-166.

[119] GRIFFIN P J，BRUCE C M，CHRISTIE J D. Comparison of water equilibrium in silicone and mineral oil transformers[C]. IIMinutes of the 55th Annual International Conference of Doble Clients. Watertown，USA：IEEE，1988：10-9.1.

[120] 周利军，李会泽，王安，等. 纤维素老化对矿物油浸绝缘纸中水分扩散的影响[J]. 电工技术学报，2019，34（7）：1536-1543.

[121] 周利军，李先浪，段宗超，等. 纤维素老化对油纸绝缘水分扩散特性的影响机制[J]. 中国电机工程学报，2014，34（21）：3541-3547.

[122] MARTIN D，LELEKAKIS N，EKANAYAKE C，et al. Improving measurement techniques of power transformer insulation：A study of the intermolecular interactions between water and vegetable oil based dielectrics[C]//IEEE Conference on Electrical Insulation and Dielectric Phenomena，Shenzhen，2013：1105-1108.

[123] FESSLER W A，ROUSE T O. A refined mathematical model for prediction of bubble evolution in transformers[J]. IEEE Transactions on Power Delivery，1989，4（1）：391-404.

[124] MARTIN D，PERKASA C，LELEKAKIS N. Measuring paper water content of transformers：A new approach using cellulose isotherms in nonequilibrium conditions[J]. IEEE Transactions on Power Delivery，2013，28（3）：1433-1439.

[125] 国家质量监督检验检疫总局，国家标准化管理委员会. 油浸式电力变压器技术参数和要求：GB/T 6451—2015[S]. 北京：中国标准出版社，2015.

[126] 宋伟. 变压器绝缘老化与寿命评估[D]. 济南：山东大学，2005.

[127] 林燕桢，蔡金锭. 回复电压极化谱特征量与油纸绝缘变压器微水含量关系分析[J]. 电力系统保护与控制，2014，42（5）：148-153.

[128] SAHA T K，PURKAIT P. Investigation of polarization and depolarization current measurements for the assessment of oil-paper insulation of aged transformers[J]. IEEE Transactions on Dielectrics and Electrical Insulation，2004，11（1）：144-154.

[129] 李军浩，司文荣，姚秀，等. 油纸绝缘变压器老化状态评估的极化/去极化电流技术研究[J]. 仪器仪表学报，2009，30（12）：2605-2611.

[130] 张涛，周远化，周远科，等. 基于绝缘纸电导率定量评估绝缘纸含水量的研究[J]. 高压电器，2019，55（9）：157-162.

[131] 刘捷丰，廖瑞金，吕彦冬，等. 电力变压器油纸绝缘含水量定量评估的时域介电特征量[J]. 电工技术学报，2015，30（2）：196-203.

[132] ZAENGL W S. Dielectric spectroscopy in time and frequency domain for HV power equipment. I. Theoretical considerations[J]. IEEE Electrical Insulation Magazine，2003，19（5）：5-19.

[133] 杨丽君，高思航，高竣，等. 油纸绝缘频域介电谱的修正 Cole-Cole 模型特征参量提取及水分含量评估方法[J]. 电工技术学报，2016，31（10）：26-33.

[134] 郭蕾，张传辉，廖维，等. 基于 Dissado-Hill 模型的油纸绝缘受潮参数特征与评估方法[J]. 电工技术学报，2021，36（23）：5058-5068.

[135] 张明泽，刘骥，齐朋帅，等. 基于介电响应技术的变压器油纸绝缘含水率数值评估方法[J]. 电工技术学报，2018，33（18）：4397-4407.

[136] 高竣. 基于介电指纹特征识别的变压器主绝缘老化与受潮状态评估研究[D]. 重庆：重庆大学. 2023.

[137] 王有元，高竣，刘捷丰，等. 变压器油纸绝缘老化与水分含量评估频域介电特征量[J]. 电工技术学报，2015，30（22）：215-221.

[138] 吴广宁，夏国强，粟茂，等. 基于频域介电谱和补偿因子的油纸绝缘水分含量和老化程度评估方法[J]. 高电压技术，2019，45（3）：691-700.

[139] 李伟. 电力变压器油纸绝缘状态评估研究[D]. 成都：西南交通大学，2014.

[140] SHARMA N K，TIWARI P K，SOOD Y R. Review of artificial intelligence techniques application to dissolved gas analysis on power transformer[J]. International Journal of Computer and Electrical Engineering，2011，3（4）：577-582.

[141] TANEJA M S，PANDEY K，SEHRAWAT S. A review on prognosis and diagnosis of transformer oil

quality using intelligent techniques based on dissolved gas analysis[C]//India International Conference on Power Electronics，Patiala，2016：1-6.

[142] LI J，LIAO R J，GRZYBOWSKI S，et al. Oil-paper aging evaluation by fuzzy clustering and factor analysis to statistical parameters of partial discharges[J]. IEEE Transactions on Dielectrics and Electrical Insulation，2010，17（3）：756-763.

[143] 廖瑞金，汪可，周天春，等. 采用局部放电因子向量评估油纸绝缘热老化状态的一种方法[J]. 电工技术学报，2010，25（9）：28-34.

[144] 张寰宇. 基于局部放电特征的油纸绝缘热老化阶段识别研究[D]. 徐州：中国矿业大学，2016.

[145] 曹建军. 基于模糊层次分析法的变压器油纸绝缘状态的综合评估[D]. 成都：西南交通大学，2014.

[146] 刘东超，林语，原辉，等. 灰度纹理与油气特征融合的油纸绝缘老化状态评估[J]. 中国电力，2020，53（12）：159-166.

[147] 范贤浩，刘捷丰，张镱议，等. 融合频域介电谱及支持向量机的变压器油浸纸绝缘老化状态评估[J]. 电工技术学报，2021，36（10）：2161-2168.

[148] 邹经鑫. 油纸绝缘老化拉曼光谱特征量提取及诊断方法研究[D]. 重庆：重庆大学，2018.

[149] 姚姚. 地球物理反演基本理论与应用方法[M]. 武汉：中国地质大学出版社，2002.

[150] 徐果明. 反演理论及其应用[M]. 北京：地震出版社，2003.

[151] 陈振茂. 电磁无损检测数值模拟方法[M]. 北京：机械工业出版社，2017.

[152] 阮江军，张宇，张宇娇，等. 电气设备电磁多物理场数值仿真研究与应用[J]. 高电压技术，2020，46（3）：739-756.

[153] RUAN J J，LIU C，HUANG D C，et al. Hot spot temperature inversion for the single-core power cable joint[J]. Applied Thermal Engineering，2016，104（5）：146-152.

[154] RUAN J J，DENG Y Q，QUAN Y，et al. Inversion detection of transformer transient hot spot temperature[J]. IEEE Access，2021，9：7751-7761.

[155] YANG Z F，RUAN J J，HUANG D C，et al. Calculation of hot spot temperature of transformer bushing considering current fluctuation[J]. IEEE Access，2019，9：120441-120448.

[156] 宋维琪. 工程地球物理[M]. 东营：中国石油大学出版社，2008.

[157] 宋扬. 浅海环境参数反演及声信号处理技术[M]. 北京：北京理工大学出版社，2018.

[158] 金硕. 变压器油浸纸电阻率分区反演检测方法研究[D]. 武汉：武汉大学，2018.

[159] XIE Y M，RUAN J J，SHI Y，et al. Inversion detection method for resistivity of oil-immersed paper in transformer[J]. IEEE Transactions on Power Delivery，2019，34（4）：1757-1765.

[160] XIE Y M，RUAN J J，HUANG D C，et al. Improved inversion method for multi-regional oil-immersed paper resistivity in transformer[J]. IEEE Transactions on Power Delivery，2020，35（3）：1467-1475.

[161] 李华强，钟力生，于钦学，等. 变压器油及油浸纸板的电阻率[C]. 第十四届全国工程电介质学术会议论文集，西安，2014：209-210.

[162] SAHA T K，PURKAIT P. Investigation of polarization and depolarization current measurements for the assessment of oil-paper insulation of aged transformers[J]. IEEE Transactions on Dielectrics and Electrical Insulation，2004，11（1）：144-154.

[163] WEI J，ZHANG G，XU H，et al. Novel characteristic parameters for oil-paper insulation assessment from differential time-domain spectroscopy based on polarization and depolarization current measurement[J]. IEEE Transactions on Dielectrics and Electrical Insulation，2011，18（6）：1918-1928.

[164] 郝建. 变压器油纸绝缘热老化的时频域介电和空间电荷特性研究[D]. 重庆：重庆大学，2012.

[165] LIAO R，LIU J，YANG L，et al. Quantitative analysis of insulation condition of oil-paper insulation based on frequency domain spectroscopy[J]. IEEE Transactions on Dielectrics and Electrical Insulation，2015，22（1）：322-334.

[166] 韩慧慧. 变压器油纸绝缘老化特性分析及机理研究[D]：长沙：长沙理工大学，2010.

[167] 韩慧慧，杨道武，王溯，等. 变压器油纸绝缘体积电阻率与酸值及聚合度的相关性研究[J]. 变压器，2010（6）：32-36.

[168] CLERC M. The swarm and the queen：Towards a deterministic and adaptive particle swarm optimization[C]. IEEE International Conference on Evolutionary Computation，Washington，1999：1951-1957.

[169] 刘爱军，杨育，李斐，等. 混沌模拟退火粒子群优化算法研究及应用[J]. 浙江大学学报（工学版），2013（10）：1722-1730.

[170] 刘汉婕. 基于模拟退火的粒子群改进算法的研究与应用[D]. 北京：华北电力大学，2010.

[171] ROCKLAND L B. Saturated salt solutions for static control of relative humidity between 5℃ and 40℃[J]. Analytical Chemistry，1960，32（10）：1375-1376.

[172] SAHA T K，PURKAIT P. Some precautions for the field users of PDC measurement for transformer insulation condition assessment[C]. IEEE Power Engineering Society General Meeting，Toronto，2003：2371-2376.

[173] WANG Y Q，ZHANG X，JIANG X L，et al. Effect of aging on material properties and partial discharge characteristics of insulating pressboard[J]. Bioresources，2019，14（1）：1303-1316.

[174] 王晓剑，王娟，石颉，等. 油纸绝缘老化产物对油中水分饱和溶解度的影响[J]. 绝缘材料，2015，48（8）：46-50.

[175] 马志钦. 变压器油纸绝缘的频域介电响应特性与绝缘状态评估方法研究[D]. 重庆：重庆大学，2012.

[176] 王世强，胡海燕，刘全桢，等. 热老化对变压器绝缘纸微观结构影响的实验研究[J]. 高压电器，2016，52（2）：93-96.

[177] 周利军，李先浪，吴广宁，等. 油纸绝缘电介质响应低频弥散的极化机理[J]. 高电压技术，2013，39（8）：74-81.

[178] 廖瑞金，袁泉，唐超，等. 不同老化因素对油纸绝缘介质频域谱特性的影响[J]. 高电压技术，2010，36（7）：29-35.

[179] 刘捷丰. 基于介电特征量分析的变压器油纸绝缘老化状态评估研究[D]. 重庆：重庆大学，2015.

[180] PROVENCHER H，NOIRHOMME B，DAVID E. Influence of temperature and moisture on the dielectric response of oil-paper insulation system[C]//IEEE Conference on Electrical Insulation and Dielectric Phenomena，Quebec，2009：125-128.

[181] HOUHANESSIAN V D. Measurement and Analysis of Dielectric Response in Oil-Paper Insulation Systems[D]. Zürich：ETH Zürich，1998.

[182] ŻUKOWSKI P，KOŁTUNOWICZ T N，KIERCZYŃSKI K，et al. Dielectric losses in the composite cellulose-mineral oil-water nanoparticles：Theoretical assumptions[J]. Cellulose，2016，23（3）：1609-1616.

[183] 马志钦，廖瑞金，郝建，等. 温度对油纸绝缘极化去极化电流的影响[J]. 电工技术学报，2014，29（4）：290-297.

[184] GAFVERT U，ADEEN L，TAPPER M，et al. Di-electric spectroscopy in time and frequency domain applied to diagnostics of power transformers[C]//The 6th International Conference on Properties and Applications of Dieletric Materials，Xi'an，2000：825-830.

[185] 齐超亮. 变压器油纸绝缘的修正 Cole-Cole 模型频域介电特征提取及特性研究[D]. 重庆：重庆大学，2014.

[186] VAPNIK V N. The Nature of Statistical Learning Theory[M]. New York：Springer-Verlag，1995：138-146.

[187] 史峰. MATLAB 智能算法 30 个案例分析[M]. 北京：北京航空航天大学出版社，2011.

[188] 董明，刘媛，任明，等. 油纸绝缘频域介电谱解释方法研究[J]. 中国电机工程学报，2015，35（4）：

1002-1008.

[189] 陈季丹. 电介质物理学[M]. 北京：机械工业出版社，1982.

[190] XIE Y M，RUAN J J. Parameters identification and application of equivalent circuit at low frequency of oil-paper insulation in transformer[J]. IEEE Access，2020，8：86651-86658.

[191] 李丽，牛奔. 粒子群优化算法[M]. 北京：冶金工业出版社，2009.

[192] 陈国飞. 基于模拟退火的粒子群算法的函数优化研究[D]. 长沙：中南大学，2013.

[193] 鹿姗姗. 正交表构造及其在数值计算的应用的 Matlab 实现[D]. 新乡：河南师范大学，2017.

[194] 乐波，陈东，付颖，等. ±1100 kV 换流站直流场金具表面电场仿真静态场等效方法[J]. 电网技术，2017，41（11）：3427-3434.